U0227226

大师说白玉

莲香洗玉

陆 华 主编 王 凯 著

上 海 科 学 技 术 出 版 社

图书在版编目（CIP）数据

莲香洗玉/王凯著.—上海：上海科学技术出版
社，2014.6
（大师说白玉/陆华主编）
ISBN 978-7-5478 - 2198 - 5
Ⅰ.①莲… Ⅱ.①王… Ⅲ.①玉石－鉴赏 Ⅳ.
① TS933.21
中国版本图书馆 CIP 数据核字 (2014) 第 0710942 号

莲香洗玉

陆华 主编　王凯 著

上海世纪出版股份有限公司
上 海 科 学 技 术 出 版 社 出版
（上海钦州南路 71 号 邮政编码 200235）
上海世纪出版股份有限公司发行中心发行
200001 上海福建中路 193 号 www.ewen.cc
上海中华商务联合印刷有限公司印刷
开本 787×1092　1/16　印张 7.5　插页 4
2014 年 6 月第 1 版　2014 年 6 月第 1 次印刷
ISBN 978-7-5478-2198-5/G·510
定价：50.00 元

本书如有缺页、错装或坏损等严重质量问题，请向工厂联系调换

目录

玉有前生当为莲

王凯

　　我喜欢莲花，喜欢画莲花，喜欢雕刻莲花，我的新书画玉雕风格，多半也是因莲花打下的基础。佛说，今世的缘皆由前生的因而起，我想，如果玉有前生，那肯定是莲花。

一、人间至宝是莲花

　　莲花是对荷花、睡莲的统称。荷花为睡莲科莲属，又称水芝、水芙蓉、芙蕖等，每年 6 月 24 日为荷花仙子的会期。莲花分为中国莲系、美洲莲系和中美杂交莲系三大系，有 50 群 23 类 28 组之多的分类，从功能上又有藕莲、子莲、花莲之分。莲花一身都是宝，其根为藕，其叶为荷，花托为莲蓬，花未开为菡萏，花已开为芙蕖。观赏之余，根叶花须俱是宝。荷花可作荷花宴，荷叶入汤入粥清暑，莲实为滋补佳品，藕为宴会珍馐。莲不仅可食，亦可入药，如莲花泡茶，有去暑养颜之效；荷叶则有清热解暑、化瘀止血之效。

　　中国是莲花的原产地，在数千年前，人们已经懂得莲花的审美与运用了，又因莲之美德，有君子花之谓。作为中国十大名花之一，中华民族对于莲花的喜爱和崇拜，是早于梅兰竹菊四君子的。《诗经》有"灼灼芙蕖"之句，其形之美，流布世间。周敦颐曾在庐山莲花峰下撰《爱莲说》，以"出淤泥而不染，濯清涟而不妖"表现君子花纯洁、无染的风采。李渔赏莲爱莲以莲为食，总结出其色可目、其香可鼻、其味可口的"三可之妙"，所谓"无一时一刻，不适耳目之观，无一物一丝，不备家常之用"。《群芳谱·荷花》曰："花生池泽中最秀，凡物先华而后实，独此华实齐生，而节疏通，万窍玲珑，亭亭物表，出淤泥而不染，花中君子也。"

二、佛法殊胜即莲花

因莲花之无染洁净，是吉祥之花，受到人们的普遍尊崇。于是，佛教与莲花成就了一段千古因缘。《大智度论》卷十载，莲华有三种：一是人华，有十余叶；二是天华，有百叶；三是菩萨华，有千叶。释迦降生之际，周行七步，足下莲生七朵，此花为人花，表示释迦为人中之尊；感得九龙沐浴，天女散花，此花为天花，非凡间所有，表示释迦出生的功德，不可思议；池上有千叶金莲盛开，此是菩萨花开，表示释迦将成佛道，度化无量群生。释迦牟尼出家后，经过六年雪山苦修，发现外道的苦行无有实义，在接受牧羊女的乳糜供养后，在尼连禅河沐浴，在菩提迦耶的一棵大树下，铺上吉祥草，开始了对生命的反省与内观禅修。佛陀成道后，他打坐修行的座位叫莲花座，他修行的盘坐方式称莲花式。佛陀在莲花座上，度化众生。因莲花与佛陀的降生成道相关联，亦称正觉花。十方世界一切佛及菩萨，也安坐莲花台上。《观无量寿经》载，阿弥陀佛及观音、势至二菩萨等，皆坐于宝莲华上；众生临终时，彼佛等持莲台来迎九品往生之人。莲华也是用来供养佛菩萨的常见供物，经论中也以莲花譬喻诸佛妙法等，《中阿含经》卷二十三《青白莲华喻经》云：

"犹如青莲华、红赤白莲华，水生水长，出水上不着水，如是如来世间生世间长，出世间行不着世间法。"以莲花比喻如来之清净无染。《文殊师利净律经》说："人心本净，纵处秽浊则无瑕疵，犹如日明不与冥合，亦如莲花不为泥尘之所沾污。"以莲花比喻人心之本净无染。《摄大乘论释》以莲华之"香、净、柔软、可爱"四德，喻法界真如之常乐我净四德。《法华》、《华严》等经典也以莲花比喻法门的清净；《华严经》、《梵网经》等有莲华藏世界之说；密教亦以八叶莲华为胎藏界曼荼罗之中台；佛陀以莲华表示众生本有之心莲。

佛典中莲华类型很多，主要有：红莲华、青莲华、黄莲华、白莲华。白莲华是为最上等、最殊胜的莲华。如佛及转轮圣王之应化身所具足三十二相之一真青眼相，佛眼绀青，犹如青莲花，故以莲喻之。又至后世，凡能洞见正邪之眼目，亦称为莲目。而中国佛教八宗之一的净土宗，被称为莲宗，其所倡导之往生净土称莲邦，念佛之人为莲士，念佛往生弥陀净土之人，皆在莲花内化生，称莲胎。弥陀四十八大愿中的廿四愿为"莲花化生愿"，即往生极乐国的人，不受胎生卵生湿生，都是莲花化生。释迦如来真身毗卢舍那佛净土被称为华藏世界。其最下为风轮，风轮之上有香水海，香水海中生大莲华，此莲华中包藏微尘数之世界，故称莲华藏世界。我们的娑婆世界，就在此华藏世界之中。佛教僧侣所穿袈裟，称为莲花服。庐山慧远弟子慧要，以莲华作漏刻，名莲华漏，成为著名的大科学家。佛教密宗"金刚界"分类为五部，第一部就是莲花部，谓众生心中，本有净菩提心清净之理，在六道生死之泥中，不染不垢，犹如莲花由泥中出生，不染不垢，故名"莲花部"。

儒家说入世，道家讲出世，佛家以出世为人以入世做事，这是我的座右铭，也是莲花品性的最好诠释。

三、玉石品德寄莲花

我个人认为，玉石雕刻的种类之中，以莲花为题材的花鸟、人物雕刻，最能体现玉石的纯洁、表现玉雕的内在之美。玉有五德：仁、义、勇、智、洁，与莲花的品德一一吻合。玉石或温柔，或大方，莲花或婉约，或端庄；玉石或艳丽，或隐逸，莲花或盛开，或静谧。玉石通人性，莲花藏人品。玉石是精神的寄托，莲花是思想的载体。中华民族与莲花有关的吉祥寓意有：一路连科、连年有余、连生贵子、子成大业、和和美美、亭亭玉立、盛世和谐，等等。这些都是玉雕的传统雕刻题材，一直到现在都还在运用，深受玉石收藏者的欢迎！

然而我对莲花的理解可能更深一层次吧。我感觉莲花不是太傲骨，又能亭亭立于泥水之中；没有太隐逸，却也香远益清，脱俗自在；我一直认为人应该以入世的态度做事，以出世的态度做人，所以莲花等于综合了梅兰竹菊这四君子的优点，却又不那么偏执于某一个特征，是入世做事出世做人的最好代表。所以自从我开始玉雕的那一刻起，创作的作品就与莲花息息相关。或者直接以莲花为主要题材进行创作，或者在创作设计中以莲花作为衬托和装饰。我的玉雕莲花作品多以高浮雕的手法表现，花瓣厚薄相间，富有质感，在一瓣花瓣上就有阴阳面的体现，莲花和荷叶都雕刻出了卷边的自然效果，给人一种素雅、秀气、灵动的感觉。在宗教题材和仕女题材的作品创作设计中，也多用莲花做衬托或点缀，也有玉牌背面以阴刻莲花作为我的作品的暗款。

作为当代新人文玉雕的继承人，海派新书画玉雕的开创者，我把中国传统书画特有的画面美感、书画韵味和超凡意境与高贵典雅、纯净细腻、精光内敛的玉石材质相结合，成为既能欣赏书画美感，又能随身佩戴、寓意祥瑞的玉雕艺术精品！

而我玉雕创作的主要思想和作品体现的就是要表现出玉雕艺术的人文意境和审美意趣，所以我的玉雕作品画面布局疏密有致，画面素雅清秀，配合阴刻或阳刻书法，使人在欣赏玉雕作品的同时，有着无尽的意味向着画面之外延伸，玉有尽而意无穷！莲花无论是用高浮雕、浅浮雕或者阴刻，无论是作为主体，作为陪衬，配诗配画，做玉牌，做圆雕，都可以将玉雕艺术的玉质美、工艺美、意境美、思想美表现得淋漓尽致！这样的全能题材恐怕只有莲花了吧！

"相由心生"，每个人的面相，都是一个人内心世界的直接反映，所以赋予人物玉雕作品好的面相，不仅是玉石雕刻者的开脸技艺和雕刻功力的体现，更是他内心的间接表达，是玉石雕刻者与玉料的内心对话，更是玉雕者精神世界和思想内涵的体现！人物设计雕刻，最后一步也是最关键的一步，就是开脸，也就是我们俗称的"面相"。人物件的面相如何，直接决定着作品的成败，所以开脸是一个玉雕师的绝活。然而我一直都认为莲花也是有脸有表情的，莲花有喜怒哀乐，有生死枯荣。你看那池中的莲花，时而恬淡轻盈，时而嫣然浅笑；或被春风吹拂摇曳轻舞，或被秋雨打落弯腰锁眉，所以莲花雕刻也是有开脸的，一朵莲花可以雕刻成宛若初试爱情的含羞少女，也可以雕刻成垂暮的老人，可以雕刻出精神奕奕的欢乐容颜，也会表现出无精打采的伤心神态。所以，一个真心爱莲的人，能赋予莲花美丽的表情和姿态，雕刻出来的莲花就是他内心世界的真实反映和思想内涵的间接表达！

"境由心造"， 意境是一种只能意会不能明言的境界，我的新书画玉雕的特色就是把中国传统书画中最讲究的意境带到玉雕作品中来，使人在视觉、触觉和情境中，达到多维的艺术享受！"莲开见性"就是指莲花的智慧和境界，莲花的优美姿态、深厚内涵、高洁品德、人文情怀都赋予了任何以莲花入雕的玉雕作品以超凡的意境！李白有诗句曰"心如世上青莲色"，心中见莲，即入清境，这就是"境由心造"。莲花由脱俗极致的美丽生出相外之意，由高雅清纯的气质生出韵外之致，使得境生相外，延绵无穷！坦白地说，如果我离开了莲花而去追求玉雕作品的意境，真的非常难，无论山水、花鸟、人物等虽然都可以由构图、景深等元素来表现作品的优美、素雅、空灵，但是总不及莲花来得有韵味、有情趣、有意境。试想，手中盘着一块正面浮雕一池清莲，背面阴刻行书"香远益清"的玉牌，那简洁柔美的画面，莲池荷塘的清静，加上手中这一方白玉的温润，视觉、触觉是不是共同营造了你心中的超凡境界？此时此刻你还会有一丝的烦恼和忧愁吗？

任何一种艺术表现形式都是以物寄情、以景抒情，而莲花的心性托付于玉，玉石的品德寄情于莲，那么玉雕艺术和莲花题材是不是最美丽的天作之合？是不是莲花和玉石这对木石之缘生生世世的轮回呢？

观点　点

对话

步骤　画

书　历

艺术　经品

获奖　作评

点

对古代玉器您有什么样的理解？

让我记忆最深刻的中国古代玉器是远古时代礼制活动中用来祭拜天地的六种礼器，称之为"六器"，包括璧、琮、圭、璋、璜、琥。自小我就对中国历史和文化传统产生了浓厚的兴趣，看了一些古籍后，读到《周礼》中记载的"以玉作六器，以礼天地四方，以苍璧礼天，以黄琮礼地，以青圭礼东方，以赤璋礼南方，以白琥礼西方，以玄璜礼北方，皆有牲币，各放其器之色"。六件玉器都有不同的造型，不同的功能，不同的涵义。古人以玉的颜色和形制，来配合阴阳五行之说，从而产生了祭祀天地四方的礼器。六种礼器充分融入了华夏先民的聪明才智和精神内涵。这些礼玉形制不同，用途各异，名称繁多。

虽为古代玉器，但是无论是制作工艺还是用途内涵都丰富多彩，让作为现代人的我十分钦佩古代玉雕创作者。六器中玉璧表面就有着多种纹饰，如蟠螭纹、云雷纹、勾连纹、卷云纹等。造型也十分多样化，玉璧内孔和外缘上常透雕有非常精美的动物造型，内孔常为一条张牙舞爪的龙，外缘有凤鸟和螭虎，作对称或等距离分布。

最早接触玉雕是什么时候？

玉雕是个比较狭义的概念，应该说接触雕刻比较早，我在上小学的时候就接触雕刻了。那时候我喜欢在橡皮和小石头上刻东西，同学们都争相让我帮他们刻橡皮名字图章，为了表达对我的感谢还把自己的小零食作为礼物送给我。我外公家附近有个玉石雕刻生产组，我放学没事就去帮着磨石头，主要是磨圆球和小珠子，现在看来可以说是我打磨工艺

《自在庄严》（正面）
（2012 年"中华龙奖"铜奖）

的最初经历，也是对玉雕兴趣的启蒙。

我从小接受了长期系统的书画雕刻等方面的学习和培养，小学三年级时考入上海市福利会少年宫学习素描和色彩，为我的艺术生涯浇灌了充分的养料。后又跟随海派花鸟金石老前辈徐培三学习国画和篆刻，又转投入海上书画名家钱行健门下继续学习。前后十多年的美术绘画学习，培养了我较高的艺术情操，打下了坚实的美术功底。篆刻技法与书画学习对我的玉雕画面设计和玉牌阴刻书法起到了很大的帮助作用。这些都是我如今玉雕创作能够开花结果的根源所在。

在渐入佳境的过程中，哪个人对您的影响最大？

如果说"师父领进门，修行在个人"这句老话在他人身上都受用的话，那我就是一个比较特立独行的典型个例。我自幼就对艺术充满好奇，并机缘巧合地接触了玉雕，在我学习玉雕的道路上正是遇到了两位贵人——刘忠荣大师和翟倚卫大师，才让我在玉雕技艺和设计思路上更上一层楼。

从一个雕刻业余爱好者到痴迷于现代玉雕，正是因为看到了这两位大师的作品，让我真正见识到当代玉雕原来也能达到如此高的水准和境界。2004年初在上海玉雕厂的一次玉雕作品展上，我结识了刘忠荣大师。刘大师的玉牌画面和雕刻技艺让我对当代玉雕的工艺有了崭新的认识，他的玉牌正面层次丰富，线条流畅挺括，背面的阳雕文字，每件作品都透露出刘大师对治玉的高超水准和严谨态度。在我眼中，明代子冈牌的制作工艺都达不到刘大师的水准。我当时倾举家之资收藏了刘大师的三

《自在庄严》（背面）

件作品，时值我女儿出生，因为我太太和女儿都属马，于是又请刘大师为我女儿做件双马玉牌，我做了一首诗请大师刻在背面，落款"王凯作词，忠荣制玉"，此事还在玉雕界传为了一段佳话。

也是差不多同一时期我又结识了翟倚卫大师，在之后的许多年里，我看到了翟大师在玉雕艺术上的新设计、新创意。他是我的朋友更是我的老师，那时我没事就往他厂里跑，看他画、看他设计，耳濡目染了很长时间。翟倚卫大师的作品风格结合了许多现代元素，非常西洋化，是中国五千多年玉雕文化中前所未有的，他把传统玉雕与现代西方元素结合得天衣无缝，让我有醍醐灌顶之感，使我对现代玉雕的认识从单纯的工艺追求上升到艺术理念的革新。

两位大师截然不同的创作理念和制作风格对我产生了极大的影响，他们作品中呈现出当代玉雕精湛绝伦的雕刻工艺、美轮美奂的画面构图，重塑了我对当代玉雕的看法，坚定了我投身于玉雕事业的决心。我在以后很长的一段玉雕创作过程中，都是以他们两位作为榜样，希望能跟随他们的脚步，走出自己当代玉雕独树一帜的风格。再后来我确定了自己海派新书画玉雕风格，也是把这个风格作为新人文玉雕的传承来理解，而他们两位就是现代新人文玉雕的创始人。

哪次经历让您获得进入玉雕行业的机遇？

我进入玉雕行业真的是天意使然，从小时候帮同学雕刻橡皮图章到去生产组帮忙磨小石球，再到把自己雕刻的小动物、小挂件等放到亲戚在福佑路古玩街上的店里出售，这些都只是我玉雕生涯中的小插曲，机缘巧合地把我的生活和雕刻连结在一起。之后的很长一段时间我都是埋头于自己的雕刻小天地，进行着自己的个人研修。

刚开始我一直都把雕刻、篆刻当作业余的兴趣爱好而已，没有认真对待过。由于我骨子里对中国传统文化的喜爱，喜欢收藏紫砂、名人字画、玉器等。这些收藏让我对玉雕创作有了更多理论和实践上的认识，一直到 2004 年开设了我自己的玉雕工作室——玉善堂，才算真正进入玉雕行业。很长一段时间中，我都是默默地创作，从来也没想过出去评奖或者参加玉雕业界的各项活动，也是机缘巧合，2011 年认识了上海宝玉石行业协会副会长钱振峰老师，他看了我的玉雕作品以后大为赞赏，此时正值他在筹办上海玉雕评比，力邀我参加，这样我这个玉雕宅男才走了出来。这几年来，我通过参加各项评比和业界活动，对当今玉雕行业的认识不断深入，接触的玉雕名家与流派也越来越多，对我都是一个很好的学习和积累，极大地丰富了自己的玉雕创作经验。

您是如何确立自己的艺术风格的？

我现在追求的是海派新书画玉雕风格，创立了先入画再入雕的艺术理念，也把我的玉雕作品定位在现代新人文玉雕的传承这条脉系上。我一直认为个人创作风格不是突如其来的，必然与个人的兴趣爱好、从小接受的文化教育、个人的艺术修养和创作积累有着千丝万缕的联系，是在实践和磨练中潜移默化形成的。比如从小接受了十多年系统的书画、绘画学习，培养了我较高的艺术情操和扎实的美术功底，让我的玉雕作品拥有一种独特的人文气息和书画意境。

在真正进入玉雕行业之前，我研究了当代玉雕从业人员的作品，他们多数还是以做一些仿古件为主，题材也拘泥于童子、弥勒等传统题材，缺少一些当代艺术元

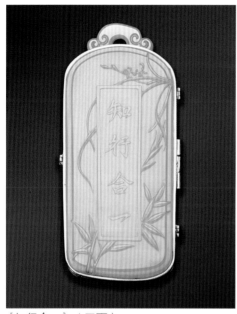

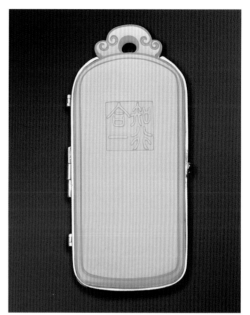

《知行合一》（正面）

《知行合一》（背面）

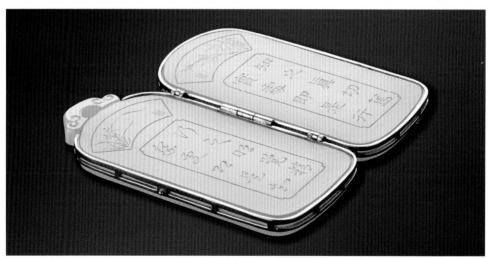

《知行合一》
（2011年"神工奖"银奖）

素和内涵。自我开始独立创作以来，就利用自己书法的强项和从小书画训练打下的扎实功底，在自己的作品中展现出一种文人气息和艺术内涵。

我的作品把中国画和书法的画面美感、人文意境与温润内敛的玉雕相结合，开创了先入画再入雕的玉雕创作理念，我特别擅长莲花题材、宗教人物和仕女的玉雕创作，以唯美、写实、婉约或禅意作为鲜明的艺术特色。书法是我的强项，因此阴刻书法已经成为我作品的一抹亮色和点睛之笔。新书画玉雕风格的确立正与我的美术、书法的功底相契合。我的处事风格和做人态度决定了我偏好以莲花为题材创作，来彰显我雅俗兼得的个人特点。

除了现在的既有风格之外，我还将继续学习各种不同门类艺术，例如陶艺、木雕、石雕等，并借鉴不同艺术门类的特点，使之融合到我的玉雕之中，学有所长地把自己内在的能量释放在作品上，让我的受众去感知、去欣赏。

现在回想，玉雕对您来说是工作、兴趣、还是事业？

玉雕对我来说从小一直就是兴趣爱好，我一直认为想要把事情做好做精，必须从内心深处充满对这件事的热爱，才能把事情做到极致。从小就接触玉雕，现在更是正式成为了玉雕从业人员，可以说与玉雕的缘分不浅。从时间排序上，小时候玉雕是兴趣，现在玉雕既是工作也是我热爱的艺术。

现在许多玉雕从业人员，把制作玉雕变成简单的谋生途径。很多人更把玉石和玉雕看作是投资的工具，大量热钱的流入把玉石原料的价格不断炒高，从长期来看是对玉雕行业不利的。那些只是利用玉雕来进行投资，从中赚取财富的商人大多数不是真正懂得玉雕艺术，甚至为了压低加工成本而将一些好料早点出手，乱做一气，简直是暴殄天物。造成拥有人文气息和传统内涵的玉雕在商业运作中掺杂了许多不

《财宝天王》（正面）
(2012 年"神工奖"银奖)

《财宝天王》（背面）

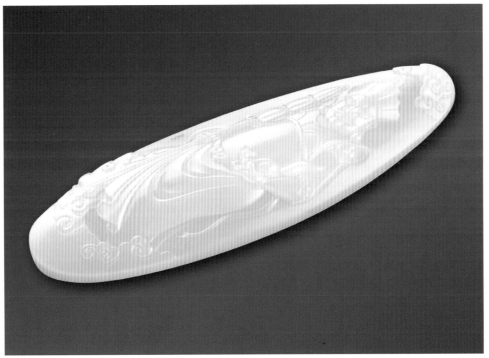

《财宝天王》（斜面）

纯粹的因素。我对玉雕的感情真挚而纯粹，希望以后也能继续抱有对玉雕原本的兴趣，同时让我的玉雕作品得到市场的认可和赞许。所以能从事自己喜欢的玉雕行业，我感到非常幸运。

您的作品主要是哪种类型？

我的玉雕作品主要以玉牌为主。我一直认为玉牌是玉雕形制中比较高等级的，因为玉牌对玉质和工艺的要求最高。

是什么原因让您如此钟情该品类作品？

喜欢雕刻并逐渐走上玉牌的创作之路归因于三大主要因素。第一，一直以来我把玉牌看作是集诗文书画玉石于一身的中华民族玉文化的最高表现形式。在海派玉雕中，玉牌也是最具代表性以及标杆作用的玉雕形式。对玉质的高标准、对雕琢者书画艺术功底的严要求让玉牌在创作时无形中增加了难度，让我倍感迎接挑战的刺激和克服困难后的喜悦。第二，两位引领我真正进入玉雕领域的导师刘忠荣大师和翟倚卫大师都是玉牌创作高手，我从他们创作的玉牌中看到了自己光明的玉牌创作之路。希望创作出如同他们那般拥有独树一帜的玉牌风格、尽显创意的玉牌。第三，做自己擅长的事情是我选择玉牌创作的重要出发点之一。自小打下的扎实书画功底和风雅的审美情趣是我制作玉牌浑然天成的潜质，让我得以发挥自己的特长，在创作玉牌的过程中不断挑战自我，实现个人价值。同时，我作为新人文玉牌的继承者和新书画玉雕的代表，应该更着力于海派玉雕玉牌类艺术品的创作。

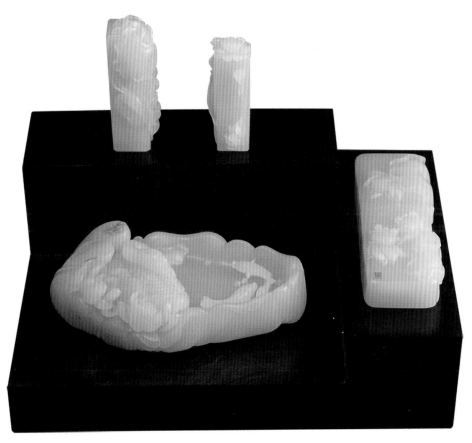

《和之韵文房四件套》
（2012年"神工奖"金奖）

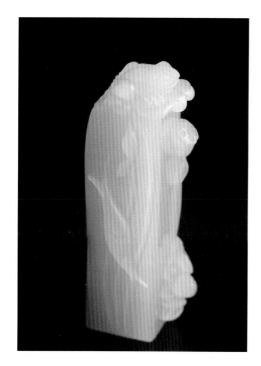

《和之韵》（细节）

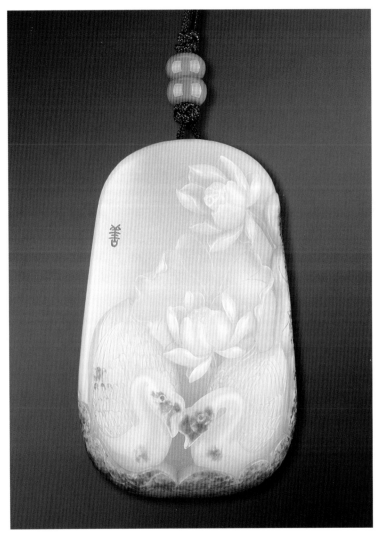

《鸿运高照我如意》（正面）
（2012 年中国玉石器"百花奖"银奖）

这种玉雕类型的特点是什么?

玉牌作为玉质成品中的一大类型一直以来深受收藏者的青睐。一块小小的玉牌,方寸之间融绘画、书法、雕刻、历史文化和故事背景于一身,使天生丽质的玉经过一番修饰后拥有全新的生命力。在我看来,中国传统玉雕的最高境界就是玉牌,是集中国文化元素之大成者,由书画、诗文、玉石三大因素组成,是可以推陈出新的最佳载体。玉牌对玉料的要求是最高的,好的玉料如同一张白纸,每一次落笔都清晰可见,因此制作玉牌对玉雕者的功力要求可见一斑。通常,玉牌的正面琢刻精美绘画,背面多为诗文,前后两面组成和谐、完整的艺术品。此外,它还拥有其他玉雕类型所无法比拟的便携性,这一独特的优势让玉牌成为多数玉石制品中最受人喜爱、得到最多追捧的一大类型。随着玉器收藏热不断升温,玉牌作为最能体现中华民族人文特点和文化特色的艺术收藏品,逐步确立了自己独特的地位,成为投资收藏的一大热点。

目前以哪些创作题材为主?

我的玉牌创作主要以仕女、佛像、花鸟题材为主,最具特色的应属莲花题材的雕刻。我的莲花玉雕作品,或为主要题材,或为仕女佛像等题材的点缀背景,已经成为我作品中不可或缺、颇具个人标志的重要特色,也是喜欢我作品的收藏者的主要辨识元素之一。有许多收藏者都说,他们能通过具有鲜明王凯风格的莲花装饰图案在众多的玉雕成品中辨识出我的作品,这让我非常欣喜。

《连年有余路路通》（正面）
（2011 年中国玉石器"百花奖"银奖）

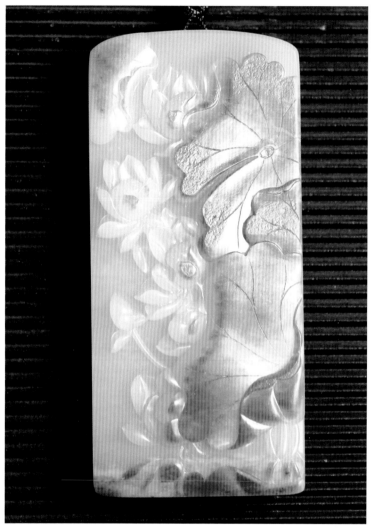

《杭州六月》（正面）
（2012 年中国工艺美术"百花奖"金奖）

为什么选择这类题材进行创作？是这些题材适合您，还是为了迎合商业市场？

宗教题材与莲花题材是我非常喜爱的创作题材，这源于某些因缘和情愫。我一直认为莲花是集精神与艺术为一身的最重要象征。莲花与佛教同样也密不可分，观世音菩萨的一个化身叫"持莲花者"，在这里，莲花象征慈悲和怜悯。我对莲花的偏爱源于我对莲花性格和品质的欣赏。它不像梅、兰、竹、菊四君子那样偏执于某个方面，却融合了四君子的各自优点。莲花出淤泥而不染，它洁净、清纯、素雅，在盛开时能绚丽地绽放，在孤寂时成为深埋于水下泥中之藕，这些品质使莲花成为纯洁的象征，成为佛教和道教的众多"珍宝"之一。与众不同的品质特点与我的内在性格不谋而合。我的座右铭就是以出世的态度做人、以入世的态度做事，而莲花恰恰就是这样的。

每个人都有自己不同于他人的性格特征，在成长的岁月中形成自己的爱好，逐步发现自身的特长。做自己擅长的事情，扬长避短，把优势发挥到最大极限，选择最合适的道路才是成功的前提条件。在玉雕行业同样是如此，艺术大师并不是为了让别人接受才去进行创作，而是完全出于对艺术的执著追求和内心深处的热爱去创作。艺术灵感的迸发必须经由多年的积累，通过量变到质变进一步升华才能达到。如同当今的一些玉雕大师，他们创作的作品可以说炙手可热，供不应求。因为他们作品有与众不同的市场卖点，让消费者成为忠实的粉丝。我希望通过自身的努力，树立自己的玉雕风格，将灵感与激情全身心投入创作中，做出能够引领时代潮流，让市场接受的作品。

这类题材的传统含义能被现代人理解吗？

"现代人"这个说法有点偏狭，应该用"当代人"更为贴切。任何一个新的时代，总会有新的文化、新的潮流，但是万变不离其宗，归根结底还是中华民族血液里的文化基因决定了无论是现在还是将来，人们都会喜欢充满中华民族文化气息的作品。宗教题材对于中国人、外国人、现代人、古代人而言都有着相同的情怀和向往，因为人来自同一个造物主的创造，上苍把永恒放在了人类的基因中。宗教题材在中国玉雕文化中占有举足轻重的地位，如传统的弥勒、观音题材几千年如一日地出现在玉石上，使得玉石的辟邪庇佑功能一直延续至今。而莲花题材则可谓见仁见智，对于与我有着相同或相似情性的玉雕爱好者和收藏者而言，我创作的莲花题材玉雕必将是他们的心头之好。

在内容、主题和诉求上，您的作品有什么独特之处？

我的玉雕作品内容上大都以中国绘画和书法的画面美感、人文意境与温润内敛的玉石相结合，主题上莲花题材的创作或婉约或禅意，宗教人物和仕女的雕刻以唯美的创作、写实的精雕为特色。就拿我的荷花玉牌来说吧，布局疏密有致，画面素雅清秀，开创了自成一派的个性特色。荷花多以高浮雕的手法表现，荷花花瓣厚薄相间，富有质感，在一瓣花瓣上就有阴阳面的双重体现，荷花和荷叶均琢刻出了卷边的自然效果，给人一种素雅、秀气、灵动的美感。这些细节都有别于其他同类题材的莲花玉雕作品，观赏者可从这些细枝末节中一探我的个人风格。阴刻书法这一技巧也曾多次出现在我的作品中，它起到了提升作品内涵，体现人文意境的作用，这点也是其他同类作品很少有的，这需要深厚的文化底蕴和书法功底作为基础。

　　小中见大是我的又一大玉雕特色和亮点。在制作小品件时，我采用无边框设计，使画面有无尽延伸的视觉效果，没有边框的禁锢，给人以遐想的空间。采用边际延伸设计，即将正面的雕刻内容延伸至玉牌边缘和侧面，乃至背面，让正反两面的雕刻融为一体。这样使欣赏者的视线从单一的两个横截面，扩展为 360 度全方位立体视角。拉长视觉空间，增加画面的欣赏情趣。因此，我的朋友们和客户们对我的小品件喜爱有加，以至于我的小品件一经面世就被玉友"秒杀"。他们认为小品件是最考验创作功力的玉雕类型，且小品件适宜揣在手中细细品赏，有种说不出的贴心与掌中的温润之感。

　　请举一件能充分表现您想法的作品？

　　2012 年，我创作的一套"莲之华"印章镇纸玉雕组件，囊括了我几乎所有的玉雕特色。内容选取莲花题材，以小见大、小料大作的创作设计，唯美的画面，精致的雕刻工艺和阴刻书法的点睛之笔，都凸现出我新书画玉雕的特色和超凡脱俗的人文意境。这套用岫岩玉雕刻的作品，在 2012 中国工艺美术"百花奖"评选中获得了金奖。

　　一般选用哪几种材料来表现您的作品？

　　我一般只用新疆和田玉籽料来创作，因为新书画玉雕的人文意境和唯美画面，只有以温润内敛的和田籽料为载体，才能最大限度地体现中华文化中的含而不露、精光内敛的君子品德，才能细细品味作品中的人文内涵。但是随着和田籽料的日益稀少和价格的逐渐高涨，今后也会涉及其他适合我玉雕创作的玉石种类，比如日益为大众接受的南红，它的颜色和玉质感是最为人接受和喜爱的。

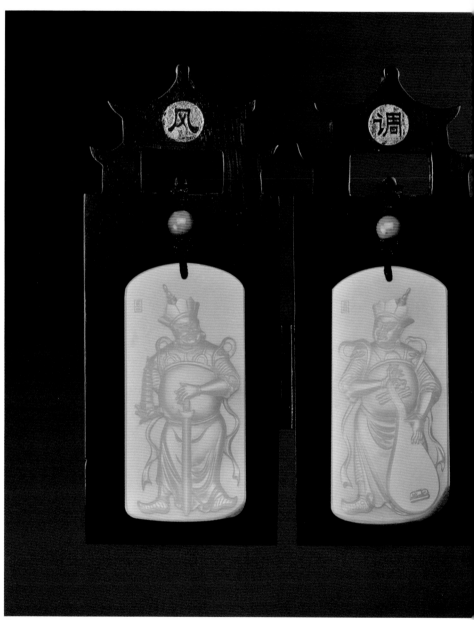

《风调雨顺》（正面）
（2011 年"天工奖"优秀作品奖）

《慈云法雨》（正面）

《慈云法雨》（背面）

选择材料时，对材料有什么特殊要求？

我的作品大都为中高档玉雕作品，因此在选料时非常看重玉料的好坏，这是我们作为玉雕工作者的本能。而我又是对自己有着严格要求的人，总希望手中创作出的作品件件精美绝伦，完美无缺。但是，现实常常事与愿违，随着新疆和田玉被大量挖掘，造成了上等和田玉越来越稀少，完美的和田籽料则少之又少且价格奇高，让大部分玉雕从业人员望而生畏。因此，我在选择原料时，开放自己的视野，不只拘泥于红皮白肉料，开始接触具有个性特色的材料，如存在石僵、绿沁的玉料。在我把玩琢磨它们的同时，体味到它们同样拥有细腻的玉质，却又多了和田籽料所没有的丰富渐变的自然色泽，我利用它们的特质借以俏色巧雕，可充分发挥出我的创作思维和设计能力。

材料和作品成功有什么关系？

成功的定义在现代社会中已经不能用单一的标准来衡量。在我眼中，玉雕作品的成功与否取决于能否给欣赏者带来心灵上的共鸣以及作品在艺术领域内的突破。如果一味追求优质材料，忽略了雕刻者的精湛雕刻技艺和为之付出的心血，这肯定会让身为玉雕工作者的我感到无以名状的难过，好在现在玉雕的艺术之美正逐步被越来越多的受众接受并从价值层面得到认可。

我认为材料是基础，工艺是灵魂。评价一件作品成功与否两者必须兼而有之，缺一不可。随着玉雕爱好者对玉雕审美眼光的不断提高，他们评价作品的好坏开始从玉雕材料本身转为关注作品的创作设计、画面结构安排、题材选取等设计元素。有些材质一般，但是创作设计颇为巧妙的作品，相比单纯倚靠玉料的作品更富艺术价值，工艺水平远胜于材料价值的玉雕作品才是我眼中真正的成功之作。玉雕这个行业本来就是为了变瑕为瑜、化腐朽为神奇而存在的。红皮白肉的上等玉料谁都会雕，而玉雕创作就是应该立足于设计和创作上，充分体现巧夺天工这个词。

在您看来为什么中国人那么喜欢玉？

不仅是中国人喜欢玉，整个中华民族乃至全世界范围内拥有华裔血脉的人都对玉有着与生俱来的一种割舍不了的情节。我们中华民族骨子里扎根着爱玉的基因，身体里藏着一个惜玉的灵魂。玉器是中华民族历史文化和民族精神、民族思想道德的集中体现和物质载体，也是华夏文明的物化体系表现。无论是吃汉堡包牛排长大还是从小受西方教育的人，只要身体里流着中华民族的血液就对玉有着区别于其他人种的由衷之爱。我们中华民族赋予了玉石各种功能，包括礼天祭地的神器、帝王尊贵的象征、君子之德的佩饰、辟邪纳福的瑞物等，这些都说明了中华民族是玉之民族。

谈谈您亲自制作玉雕的感觉，说说对玉的理解。

世界上没有一块完全相同的玉，每块玉的性格秉性各有不同，所以我对待每一块玉就像重新认识一个人，在雕刻过程中需要慢慢了解熟悉。比如我在玉石上刻字时，在刚开始下刀时，需要找笔画简单的字中的一点开始，再到横和竖，从轻到重，慢慢了解这块玉的玉性，是紧致还是松脆，是容易暴口还是容易滑刀，是吃刀还是顺刀等，在经过几个简单笔画的雕刻，熟悉掌握了这块玉的玉性后，再雕刻笔画繁多、

《笑口常开》
（2013 "百花玉缘杯" 银奖）

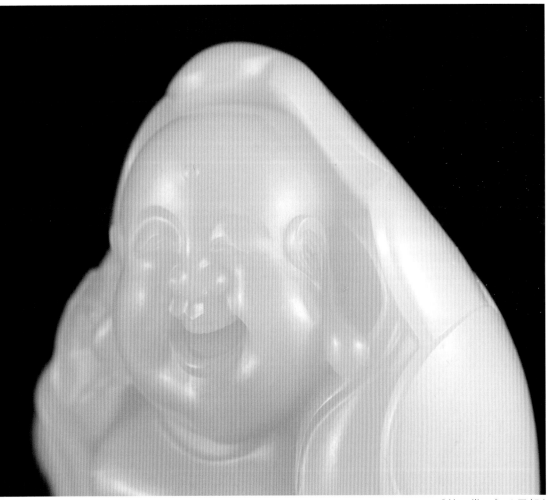

《笑口常开》（局部）

结构复杂的字，这样才不会出错，不会偏刀走刀。

　　每一块玉石都是天上掉落在人间的精灵，它们都有与众不同的脾气性格，你要了解它熟悉它，再去设计它雕琢它，最后才能成为随身佩戴的有灵性的瑞物。而且有句话叫"人养玉、玉养人"，就是说的玉的灵性和与人的关系，从我们雕刻上也可以称为"人雕玉，玉雕人"，你通过雕刻赋予了玉石新的生命和灵魂，同样它也反映出你的思想境界和艺术水准。

　　"无瑕"是传统观念上对白玉最高的评价，您认为该如何理解？

　　"白玉无瑕"不仅仅是我们对于白玉的最高评价，其实是中华民族对个人品德的最高赞誉，是一种以物喻人、以物寄情的表达。白玉在我们华夏民族的心目中已经不仅是美石，更是君子的品德和民族的秉性象征。除了完美无瑕的特质外，白玉还有更多的内涵需要我们去深入挖掘，比如温润细腻、精光内敛等特点都是对白玉和君子品德的一种褒奖。我们作为玉石雕刻者就是要最大限度体现出玉石的美好特质，去瑕留瑜，在体现出玉质美的基础上表现工艺美，用工艺美的手段来衬托玉质美。

　　在制作"无瑕"的白玉作品时有什么诀窍？

　　所谓"无瑕"指的是一种完美无缺的状态，一块真正无瑕的白玉是无需人工雕琢便能显现出它固有的白玉之美。因此，我选择让"无瑕"的白玉回归其原生态的最佳面目，舍弃人为的雕琢痕迹。特别是那些红皮白肉的美玉，他们已经美得让人爱不释手，任何富有技巧的雕刻在这样的白玉上都是一种多余。如果不小心将其雕坏，那反而糟蹋了天赐的美玉，使人痛心疾首。

您怎么理解"白玉有瑕"？

道家认为，天地本不全，万事万物自然没有十全十美的，万事万物也是相生相息的，所以白玉有瑕是再正常不过的事情，中华民族也用瑕不掩瑜来比喻那些怀抱理想和远大志向，拥有高尚品德的君子亦有瑕疵的德行，这也是我们用来不断进步不断追求完美的精神体现。我认为"白玉有瑕"是一个典型的相对论命题，可以用横向对比和纵向对比来表现。万事没有绝对的，今天的瑕疵和昨天的瑕疵是不同的，周围人的瑕疵和君子自身的瑕疵又是存在差别的。因此，在我们中华民族的道德体系中，有"出淤泥而不染"，有"君子日日而自省之"的说法，这是对瑕疵的横向比较和纵向比较，让我们明白君子之德要尽量做到去瑕，逐渐接近"无瑕"的境界。这同样也是我们玉雕的根本目的。我们玉雕师的职责是将那些质地较为优质但却存在一定瑕疵的白玉，用我们鬼斧神工的琢刻技艺最大限度地将工艺美与玉石的天然美结合，让"有瑕"变得"无瑕"。

在制作时，是否一定要把瑕去掉？

当玉石表面存在瑕疵时，首先，我会将影响玉质美、不能合理运用的瑕疵尽量去除。其次，我会再次审视一些特殊的瑕疵，比如一些可以被设计利用的僵斑，一些可以用巧雕来画龙点睛的黑点、沁色等，巧妙地运用图案的设计、颜色的结合、精湛的工艺将原本的瑕疵变废为宝，化腐朽为神奇，这样的小小改变更加衬托出玉质美和工艺美。

"瑕"有哪几种形态，哪一种"瑕"最让人头痛？

综合来说，玉的瑕疵分为不可利用与可利用两种形态。那些不可利用的瑕疵简单去除可以还原玉石的洁白与无瑕，那些需要利用并可以变废为宝的"瑕"则让玉雕大师头痛不已。这就需要雕刻者拥有天马行空的想象力、独具特色的设计创新能力和奇特的造型表现能力等。

历史上玉牌的题材曾出现过哪些？

历史上玉牌的题材不胜枚举，我归纳下来大致可以分为五个方面，分别是皇家类、民族类、民俗类、文人类、宗教类。皇家类的代表就是清代皇室专用的斋戒牌，还有其他的如御制佩戴卡牌等。民俗类制作最为广泛，大多是以民间辟邪纳福为主题的佩戴玉牌，这类玉牌玉质并非上层，工艺也较粗糙，雕刻内容简单，但却拥有浅显易懂、功用性强的特点。主要题材有福、禄、寿、吉祥、纳福、多子、高升、高中、辟邪、合和等，与日常生活息息相关。文人类玉牌属于清玩之类，在辟邪纳福的基础上脱颖而出，大多体现了君子气节、人文气质，比如梅兰竹菊、荷花、山水、诗文等题材，明代的子冈牌就是这类玉牌的代表，玉牌正面为雕刻题材的图案，背面配以诗文，文人气息浓重，清雅脱俗。宗教题材是以宗教人物或宗教事件为主要雕刻内容，玉牌大多规整，雕刻宗教人物庄严，有一定的规制和仪轨。起初用于宗教研修和个人修行，后来民间广泛用于辟邪纳福，比如观音玉牌、弥勒玉牌等。

传统玉雕是否总与辟邪纳福有关？为何出现这样的关联？

在传统玉雕的种类和题材上，辟邪纳福只是其中一个方面，大多出现在民俗类玉雕之中。有很多玉雕作品与辟邪纳福无关，比如文人类的清玩题材，大多体现君子气节和人文气质，有道德品格上的追求和理想境界的体现，以及超脱了简单的辟邪纳福的诉求。宗教类玉雕作品起初是放置于宗教场所，用于宗教研究，个人佩戴的也用于宗教修习，直到后来才逐渐在民间兴起用于辟邪纳福。还有就是炉瓶、盆碗等器皿类玉雕作品，起初也基本不属于辟邪纳福，有实用和装置功能。传统玉雕之所以与辟邪纳福题材有着紧密关联，是因为中华民族赋予了玉石本身许多美德和人性，认为玉能通灵、玉能养人、玉能护佑人，所以在本身就蕴含纳福辟邪内涵的玉石上表现此题材，是自然而然、顺理成章的事情，是功能的叠加，是以物寓意的深入表现而已。

在表现同样的辟邪纳福题材上，有什么不同？

中华民族是一个充满想象力和情感丰富的民族，对自然界的万事万物都充满了感情，都被想象成为有情有义的生命体。中华民族传统思想认为人和自然是相通的，在中国艺术领域中出现了许多以物寄情、以物寓意的创作实例。这在中华民族传统文化的特有载体玉雕作品上体现得更为淋漓尽致。所以传统玉雕上都是以自然界的植物、生物来表现辟邪纳福的题材，这也是玉雕的传统生命力所在。我所做的这类题材的玉雕作品同样符合中国人的传统审美、传统观念以及展现玉雕的文化内涵。然而我的辟邪纳福题材的作品融入现代的书画表现手法，追求更唯美的画面感，加入传统玉雕比较少见的阴刻图案和阴刻诗文，使传统的辟邪纳福题材更加具有人文气息和书画意境。

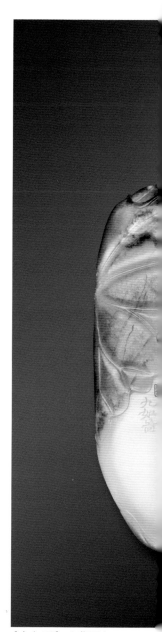

《九如图》（正面）
（2013年中国玉雕"神工奖"金奖）

《九如图》（背面）

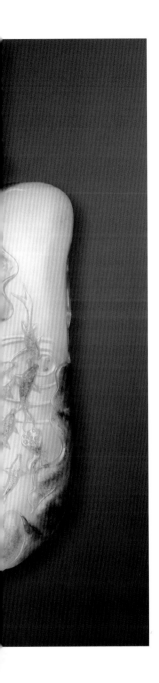

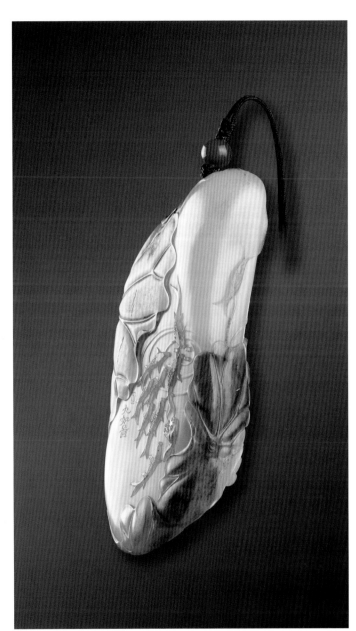

《九如图》（侧面）

观音玉牌是宗教题材玉牌的典型代表，现在已经被广泛用于辟邪纳福的寓意，因为观音菩萨在中国的信众最多，是被最普遍最广泛民众接受的神佛。所以观音菩萨在中国人的心目中不仅是端坐在莲花座中的庄严菩萨，更是深入民间，关心民生疾苦，普度苦难民众的女神，其辟邪纳福的功能已经超越了宗教的本意。观音题材的玉雕作品也是我最喜爱的题材之一，因为结合了我所擅长的仕女人物、莲花题材、阴刻诗文三大特色。2013 年创作的《祥光大圆满》观音插牌，获得了 2013 年中国工艺美术"百花奖"金奖。作品以插牌形制高浮雕观世音菩萨，菩萨手持玉净瓶半跏趺坐于一朵盛开的莲花之中，周围祥云围绕，一条虬龙俯首于菩萨面前。侧面红皮俏色雕刻的凤凰犹如火焰一般放出耀眼的金光，洒在观音菩萨和祥云之上，象征佛光普照一切。背面上部开圆龛，内浅浮雕呈正跏趺坐手持经卷的观音菩萨，下部以荷叶莲花为衬托，佛教体行楷阴刻"慈航渡众生功德圆满，光明耀日月福慧圆满"的诗句。落款"癸巳年春王凯敬制"。这件作品有三大宝相，一是观世音菩萨面相圆满庄严，身形俱足，神态端庄慈祥；二是侧面的红皮加上正面的洒金皮俏色雕刻凤凰放光照耀在菩萨的宝瓶、双足、莲花座和祥云之上，呈现出无限的佛光宝相；三是玉质白皙细腻，纯净莹润，体现出美妙的器物宝相。总而言之是玉质、工艺、皮色的完美结合，寓大吉祥、大圆满之意。

我的另一件作品《关圣帝君》也获得了 2013 年中国工艺美术"百花奖"银奖。关公同样也是标准的辟邪纳福传统题材，这件作品正面高浮雕关公呈半舒态坐于龙身之上，手托日月，周围祥云围绕，虬龙俯首于关帝面前，关帝神态生动，庄严威武。背面浮雕青龙偃月刀，以祥云

《清静香远》
（2010 年"神工奖"铜奖）

为衬托，两边以汉帛字体阴刻诗句"神威远镇协天护国，心昭日月忠义千秋"。落款"癸巳年春王凯敬制"。这件玉牌与传统关公题材的作品相比，有三大创新之处，首先关公手托俏色雕刻的日月，表明关羽心昭日月。第二，背面诗句用汉帛体阴刻，汉帛体是关羽所处的东汉时期所通用的字体，有着鲜明的历史特征和文化底蕴。第三，将关羽手持的青龙偃月刀放在玉牌背面单独表现，使玉牌正反两面有着更加明显的功用，正面的关羽有仁义礼智勇的美德和纳福的功用，背面的青龙偃月刀有着更加显著的辟邪功用。此外，让关羽坐在虬龙背上的创新设计，更凸显出关羽的神威，也使画面表现出玉雕作品少有的张力。

在传统题材的继承中，有什么新的想法？

我们玉雕更应该学习传承中国古代各类艺术的精华，比如中国古代书画的线条变化和构图，中国古代青铜器、陶器的造型和变化等。在中国古代各类人物雕塑和造型中，人物比例上历来讲究立七坐五盘三半，这应该是古代艺术家在无数次创作摸索中得出的经验，符合中华民族对于人物造型的传统审美观点。比如玉雕作品中最常见的观音题材，观音作为一个从宋代开始转为女相，最贴近我们生活的神祇，从明代开始的造型一直沿用至今，以至于大头观音造型在玉器市场上比比皆是。的确，把头部比例放大对于古代菩萨造像来说，在视觉上起到了庄严神圣的效果，但是对于现在的时代环境来说，观音造像的作用已经不再是放在佛龛中高高在上地供奉，现在我们把观音玉牌随身佩戴，希望观音的形象从神坛上走下来成为我们随身的护佑，观音造型也已经成为我们可以随

《童子牧牛》

时欣赏和纯净心灵的美丽女神。所以我在创作观音题材的玉雕作品时，尽量使用当代美女的比例特征，争取改变明代以来的造型定制，给人以更美更平易近人的欣赏角度。比如我获 2012 年中国玉石雕"百花奖"银奖作品《自在平生》，采用玉石的原始造型稍加整形做成小摆件，背面设计成莲叶包裹的造型，几朵荷花错落有致地优雅绽放着。正面雕刻观音菩萨半身像，手持莲花，半侧着脸，披衣巾佩璎珞。菩萨面相为符合当代审美的鹅蛋脸美女造型，双目略微拉长、眼角略向上提，并且将手部略加修长，既有纯洁清静之感，又有当代女性婉约秀丽之美。背面阴刻《心经》片段，增加了祈福消灾的功用。《自在平生》的作品名称，更休现出追求个性、自由、和谐的时代特点。

题材的继承和创新，是什么关系？

关于继承和创新，我认为任何艺术、任何行业都离不开传承和创新，传承的是血脉，创新的是活力；传承是骨架，创新是灵魂。在做好传承的基础上要做出应有的创新，赋予玉雕作品新的时代感和新的生命力，这才是我们这一代玉雕创作者最重要的事。由于传统玉雕缺乏时代感，缺少当代对生命的探寻、体现和赞美，传统的风格比较局限于仿古和写实，缺少当代艺术中特有的结构、表现和审美，所以我们肯定不能一成不变地吃着传统玉雕题材的老本，而需要有创新，有新的活力注入。创新的同时必须做到坚持自己的艺术理念和风格，不应该随波逐流，这是由个人的美术底蕴和艺术积累所决定，是建立在手工创作重复劳动上的高层思想。

创作题材和原料的选取有什么必然或者间接关系？

在我看来，一方面创作题材需要根据原料的属性来决定。玉雕与其他工艺美术创作所不同的是，玉雕的第一前提是因材施艺、应料施工。就是根据玉料的天然性质、瑕疵、皮色等自然状况去瑕留瑜。创作题材应该最大限度体现原料的美丽特性。

另一方面，我喜爱的玉牌创作就如同在白纸上作画，这一类型的创作在一定程度上脱离原材料的束缚，根据自己的艺术底蕴和灵感天马行空地构思和设计。前提是原材料本身拥有较好的质地，最好的玉牌是一块无瑕白玉。因此，在很大程度上原料决定了题材的创作，两者有着前因后果的必然联系。

每一块原料都有个性，这些个性从原料的哪些方面表现出来？

天下没有两块一模一样的玉石，在我看来每一块玉石原料都有着它自己的个性。玉石的个性可以从它的形状、纯净度、颜色、瑕疵特性、皮色等方面表现出来。还有更高的层面，就是它和我是不是合缘，是不是心灵相通。有些料我一看到就能迸发出创作灵感，这是我最开心的事情之一，那种欢喜不胜言表；而有些料我要放在桌子上很长时间才能想出做什么，这个过程相当痛苦，每次看着料想不出做什么题材时都有一种如鲠在喉的感觉。

怎样依据原料特性来设计作品？您注重材料的哪些特性？

当拿到一块玉石原料时，第一眼首先观察玉石的形状，利用玉石本身的特点进行相似或相近题材的造型设计，使原料损耗减少到最小。第二是看材料的颜色，如果玉料中色彩丰富，颜色分明，那就充分利用想象力根据颜色的特点进行设计。接着要仔细研究原料的瑕疵，根据瑕疵的特性和分布情况，挖脏借绺，然后进行最贴切的设计创作。

　　纯净度和瑕疵特性一样决定着原料的创作设计。一块纯净的原材料仅仅需要最简洁的工艺就能凸出玉料天然的特色，而存在些许杂质的玉石就必须依靠玉雕大师的精湛工艺为玉石增添姿色，以工艺掩盖不够纯净的玉质。最后是皮色的巧用，玉雕人需要做到最恰当的俏色雕刻，凸出颜色的递进和变化。

　　我个人比较注重玉质颜色、瑕疵特性和皮色利用这三点。我制作的每一件作品都在这三个方面反复考量，使三者处于平衡状态。荣获2012年中国工艺美术"百花奖"金奖的作品《杭州六月》，它的原料是一件正面红皮较厚重的牌料，具有多重题材创作的属性。我设想过多种主题诠释，最后决定利用红皮的厚度创作映日荷花别样红的题材。红色的荷花尽量采用高浮雕的制作工艺，这样皮色的深浅和厚薄都无一遗漏地体现在了荷花和莲叶上，体现出自然的层次感，而不是那种剪纸般的单一层面。我的另一件获得2012年中国工艺美术"百花奖"金奖的作品《莲之华》，是一套用岫玉雕刻的印章镇纸。我利用岫玉的天然绿色，进行调色雕刻，薄薄的荷叶、精致的荷花与绿色的岫玉融合得恰到好处，表现出玉质的玲珑剔透。特别是印章的上部有淡绿和深绿两种颜色，我把这两种颜色分别处理成了下部包卷的荷叶和顶部盛开的莲花，颜色更加分明，造型更加惟妙惟肖。在参赛展览过程中，许多参观者都以为这套是高档翡翠玉雕作品，说明通过我的创作把岫玉的观赏美感提高了多个档次。

谈谈白玉原料的内涵和白玉作品的特性？

白玉原料从古至今都被赋予非常丰富的精神内涵，我将这种内涵归纳总结为中华民族所倡导的人文思想和君子品德。我指的思想和品德源于人性本善的内在，白玉原料的内涵是人性善良的一种写照，所以我认为白玉作品就应该贴合白玉原料的内涵，具备人文思想和君子品德，在祥瑞题材的基础上，深入表现中华民族的精神内涵。从我们雕刻师的眼光来看，白玉原来是一个过去的生命，或者说一个沉睡的生命，也是一个血肉基础，通过我们的创作雕刻，成为白玉作品以后，就被赋予了新的生命、新的灵魂。这是个很容易明白的概念，原料是一堆混沌的血肉，雕刻工艺赋予了它骨架，设计创作赋予了它灵魂。

创作时，首先考虑的是什么？

我在玉雕创作中，每次首先考虑的问题都不相同，有时会考虑这可以做什么形制，有时会考虑这应该做皮还是做肉……但是有一点是肯定的，那就是不应该首先去考虑雕刻什么题材，如果首先就被题材套住，那么就很难创作出一件有灵气的作品，所以应该根据原料的特性和当时的艺术灵感去创作，因为创作是个随心、随性的挥洒艺术思绪的过程。如果一定要道明我创作共性的话，每次的创作都是根据玉雕的特点让玉石有最恰如其分的形态。所以我最厌烦的就是"命题作文"，而了解我的朋友们也都不会要求我做什么。

在题材吉祥、工艺制作、主题创意和现代审美中，您最注重哪个方面？

以上这些都是制作玉雕时都无法忽视的重要元素，这些我都相当重视。在这些环节中，最首要的是主题创意，只有树立一个较高的立意起点，才能使我在创作过程中不断涌现出好的创意，好的主题创意会带领你去主动挑战新的尝试。其次，是工艺制作，工艺是一个作品整体变现中最显而易见的，也是让观赏者首先了解的外在特点，是一件玉雕作品的骨架，工艺制作的水准也代表着玉雕者对一个作品的重视程度。再次是现代审美与题材讨喜方面，这两方面如果都能达到一定的境界，那就不仅是一件自认为成功的作品，同时也将成为受市场喜爱的作品。

当代玉雕的工具和古代传统工具最大的区别在哪？

当今的玉雕工具和古代传统工具最大的区别在于精细高效。现代的金刚石砣具取代了古代铁质工具，使得玉雕创作更为精细更加高效。古代需要几年完成的一件作品，现在只要一年甚至几个月就能完成，而且制造更精细。但是，现代工具雕刻出来的作品给人一种生硬与仓促之感，现代玉雕作品之中火气十足，缺少了古代玉雕的那种柔和与平静。所以在我看来，把传统工艺与现代工具结合的作品才能展现古韵与现代的并存。

用工根据料来定，这个论断是否正确？您对此有何看法？

"用工根据料来定"这句话在我看来只适合为迎合市场而制作的玉雕制品。因为根据原料的成本去考虑用工成本显然是非常价值化的表现，尽管作品的市场经营相当关键，但只关注市场销售情况忽视了其他制作工艺只会让宝贵的玉石沦落为一般的市场化产品，丧失了其艺术品的特质，这样只可能制作出工艺成本奇高的低档玉雕制品。

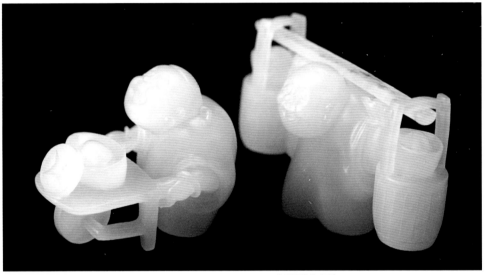

《运财童子》
（2011 年中国工艺美术"百花奖"金奖）

《诸愿圆融》（正面）
（2012年第十三届中国工艺美术大师精品展金奖）

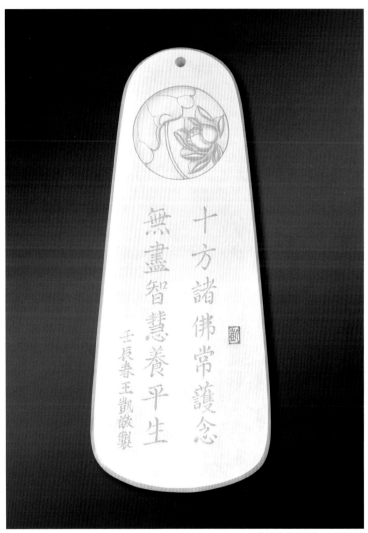

《诸愿圆融》（背面）

　　既然目前玉雕原料水涨船高，我对原料的要求也颇为严苛，所以每一块我经手的玉料都为中高档的玉石，必须精工细作，用最优的工艺最大限度地表现玉石的美。比如，我的岫玉作品《莲之华》，如果按照市场经营成本算的话，我的用工成本远远高于材料成本，但是精致的工艺与天衣无缝的设计，让整套岫玉作品提升了档次，使原本平凡无奇的原料价值飙升。

　　原料会不会妨碍艺术创作和表现？

　　玉雕艺术的创作在很大程度上取决于材料的好坏，材料的优劣差距直接影响作品在创作时的用工多少。当我手握一块玉石原料时，首先看形状，其次看颜色，再次看纯度、纹理、瑕疵状况等。根据形状的大小、长短、厚薄，颜色的鲜艳程度、均匀程度、分布状况，纹理的疏密、瑕疵的多少因材施艺，考虑选取的题材和创作的品类。例如，我获得2012年中国工艺美术"百花奖"金奖的作品《杭州六月》，本身是一件正面红皮较厚重的牌料，可以创作的题材非常广泛。我设想了多种创作题材，最后决定利用红皮的厚度创作了作品"映日荷花别样红"。

　　现在的雕工越来越细是好还是不好？

　　我认为，越是精细的雕工越能体现一个玉雕人的沉着冷静、细致耐心的个性，创作出的玉雕也是灵动而传神的。正所谓从细节看本质，细节决定成败。比如在人物雕刻中，精致的工艺可以体现人物生动的面部表情，各种衣饰纹路也都清晰可见，这样就能更增加人物惟妙惟肖的动态感。精致细腻的工艺更会增加欣赏者对玉雕本身和玉雕制作者的崇敬之情，更加珍惜这集工艺、人文、天然之美于一身的"尤物"。

您常用的工艺有哪些？为什么？

我常用的工艺和其他的玉雕创作者一样，基本就是浅浮雕、高浮雕、圆雕、阴刻等。但是我最喜欢阴刻，因为我从小学习书画，有着良好的书画功底，所以阴刻工艺对我来说就好比以刀代笔，所以阴刻是我的玉雕作品的一大特色。而且我认为玉雕阴刻工艺可以用在圆雕、玉牌、炉瓶、山子等任何玉雕品种上，可以作为阳雕工艺的衬托和点缀，与之相互呼应、相辅相成，比如在圆雕和炉瓶件上的阴刻纹饰点缀、玉牌和山子的阴刻书法点题等，都能衬托主题，极大提升作品的书画韵味和文化内涵。阴刻工艺也可以独立成章、单独成器，比如阴刻诗文玉牌等，正面的画面和背面的诗文全部采用阴刻工艺，体现出隽秀、洒脱的艺术美感和人文意境，表现出阳雕工艺很难体现的文化内涵和超凡意境。

创作玉牌时，您有什么工艺？

我对玉牌工艺的要求首先是牌形要正，就是最大程度上制作规整玉牌。随形玉牌也要达到充满韵味和感觉，不是简单的就料随形，要求创意设计。第二是牌面底板要平，轮廓线条要挺，我制作的玉牌底板素来坚持手工推，拒绝任何除玉雕机械以外的其他辅助。因为纯手工推的玉牌底板不死板生硬，蕴含灵动的气韵。第三，无论浅浮雕或者高浮雕，都必须做到层次分明，层次感的表现在玉雕作品中显得尤为重要。优秀的玉雕作品就是要将不可能处于一个平面的绘画通过雕琢的技艺巧妙将不同平面衔接起来，这是电脑机雕所不能达到的艺术高度，提升整体艺术美感。最后，

《自在庄严插牌》（正面）
(2011 年玉雕"玉龙奖"金奖)

《自在庄严插牌》（背面）

工艺还需精益求精，无论大牌子或者小玉牌，都要体现精致的雕刻水平，让每一件我创作的玉雕在工艺上尽量达到极致。总结而言，我创作玉牌的工艺要求就是形规整、平和挺、有层次、工精致。

历史上有哪件玉牌让您有深刻的印象？

记得在很久以前的一个拍卖预展上，我看见一块枣红皮俏雕的鹿衔灵芝玉牌，镂空的云纹灵芝牌头，正面浅浮雕一只梅花鹿口衔灵芝站立于一棵松树之下。这件玉牌无论从工艺、玉质、牌形、包浆都足以证明是一件清代玉牌，也是我亲自上手而不是从画册上看到的一件清代玉牌，至今让我难以忘怀，以后就再也没有见到过这样好的老玉牌了。它的白玉质地细腻，牌形厚实圆润，包浆浑厚，整件玉牌已经被盘玩得十分通透，隐约记得当时的拍卖底价是2万多，但是我那时是没有这个经济实力，所以遗憾地失之交臂了，至今一直魂牵梦萦着，总想着有类似的玉料自己也能做一件。

工艺运用时，您首先考虑什么？

我首先考虑的是工艺对玉质材料的助力和提升。从最原始的玉石摇身变成让人惊叹的玉雕作品，工艺运用在这过程中起到了十分关键的作用。我在创作时不单单考虑最习惯、最喜欢运用何种工艺，更需要考虑玉质材料能用什么工艺来体现。例如，如果材料有较深的裂绺，那么就尽量考虑用高浮雕或者立体圆雕，如果材料比较完美，那么就用浅浮雕或者阴刻，尽量保留完美的玉质。

您最典型的风格是什么？

我的作品给人最明显的印象就是柔和、婉约。就好比诗词中的婉约派和豪放派，刘永、李煜属于婉约派，苏轼、辛弃疾属于豪放派。我就属于玉雕中的婉约派，用当今时髦的流行语来说就是"柔美的小清新风格"。我是现代人文玉雕的继承人，海派新书画玉雕的代表人物，所以我最典型的艺术风格就是以中国画的画面美感和阴刻书法的意境内涵与温润内敛的玉雕相结合，以唯美、写实、婉约或禅意作为鲜明的玉雕作品特色。

您的创作风格是根据内容来确定工艺，还是其他？

我认为个人玉雕作品的风格肯定是不会随便改变的，这与个人的艺术修养、文化素质、生活环境甚至性格脾气都是密切联系的。但是可以根据玉质材料、创作题材进行不同工艺、不同创意的设计创作。

请以一件作品举例说明工艺运用。

我以玉雕作品《连年有余香插》为例，来说明在玉雕工艺运用时的舍与得。这件作品是一件其他单位雕刻后无法继续完成的半成品，客户相当不满意原来的创作和雕刻。认为玉料存留的瑕疵太过明显，设计呆滞，外部皮色保留僵化，内部雕刻太死板，要求对这件半成品进行修整。一般而言，对于已经雕刻了 80% 以上已近完成的玉雕作品来说，根本无法重新设计创作，要改变它的雕刻风格是难上加难。

我根据现有状况做了三个方面的工艺解决方案：首先大面积去皮色，我认为玉器外面包裹的红皮太过僵硬死板，并且伴有大面积瑕疵，留张红皮只能体现玉料的毛病，无法突出玉质的优点。所以我将皮色俏雕了荷花和六条小鱼，其他皮色连带皮下的黑气和瑕疵全部去除干净，这样皮色活了，玉质的白皙也体现了出来。第二将香插四周做大面积的高低起伏，尽可能除去有裂的部分，做到玉质尽量干净，而且有高低起伏的变化，突破了呆板的感觉。最后，将中间那朵莲花每个莲瓣都做出不同的变化，都雕刻出翻转的效果，尽量在原来死板的轴对称图形上突破出不对称，表现出不同的变化。在底部原来设计的荷叶基础上变化为一大一小两片荷叶，为了打破僵化死板的原来设计，表现出动静结合、变化丰富的创作，体现出作品的意境和韵味。

在工艺上，您有什么创新吗？

我在玉雕工艺上的最大创新就是先入画再入雕。这也是我的创作理念。先入画再入雕是指在传统相玉应材的基础上，把玉料上的画面先完整地画好，不断修改，直至画面效果趋于完美，能够直接欣赏了，再进行雕刻。秉持这样的理念，每件作品从出坯整大形到最后完成，需要至少三到四遍完整绘图。如果层次丰富些的大型玉牌，更需要多次绘画。由此创作而成的玉雕作品，画面感十足，层次丰富，雕工也会自然显得十分细腻精致。最显而易见的一点，画好完整的画面，在出大形时，高低层次就容易把握，不会走样。如果按照传统玉雕，仅是画个大致轮廓，那么在雕刻时一些小细节的高低层次就会遗漏，需要以后的步骤来弥补。

技术上受哪位师父影响大？

虽然我在玉雕创作上一直都是自己自学和摸索的，没有师傅教过。

《贵妃醉酒》（正面）
(2011 年"神工奖"铜奖)

《贵妃醉酒》（背面）

但是在玉雕创作特别是玉牌的创作上，受刘忠荣和翟倚卫的影响最大。我第一次接触当代玉雕就是看到了刘忠荣大师的作品，和他长聊了一个下午，对他的玉雕艺术和玉牌作品有了深刻的认识，知晓了当代海派玉雕创作的极高水平。后来又结识了翟倚卫大师，看到了他在玉牌创作中的独特创新，使我对玉雕的传统继承和现代创新风格的相互结合有了更深入的理解，从此就希望能沿着他们俩的玉雕艺术轨迹走下去。

同类作品中，感觉哪个流派最有个性？

在玉牌创作上论个性化来讲，我首先想到的是翟倚卫大师的玉牌作品。他的作品是我接触到的第一个具有时代感和创新精神的玉雕作品。当时苏州玉雕还在清一色走仿古的路子，海派玉雕创新风格就已经层出不穷了，既有吴德升大师的现代裸女玉雕，又有翟倚卫大师的西洋风格和当代仕女玉雕，再到后来崔磊大师的破牌形、大块面、高立体玉牌风格等，都让我叹为观止。然而，单从创新和个性角度看，翟倚卫大师的西洋风格、石库门元素、现代仕女背影造型、当代纹样点缀等，可谓独树一帜，创新得比较彻底。

如何汲取各派名家的风格，具体体现在哪里？

汲取他人的艺术风格我认为是不太可能的，通过观赏他人的作品风格，吸收其中对自身有用的艺术元素更为可行。比如刘忠荣大师的玉牌创作中，高远的画面、多重的景深、细腻的雕刻，都是我们可以借鉴学习的元素，但是这几个元素结合起来，也不可能有刘忠荣大师玉牌的那种感觉。因为每个人做玉雕的手法不同、工具不同、艺术修养不同，甚至眼力、心力和手力都不相同，做出来的作品就不可能形成一样的风格。所以我在这几年的创作学习中，努力学习各派名家的风格元素，尽量吸收和消化，仅此而已。比如我的人物类雕刻中，很大一部分吸收了刘忠荣大师的人物造型元素，在花鸟题材的创作中，则会借鉴一点翟倚卫大师的设计形态。

如何从其他工艺美术品种汲取艺术营养？

我一直以来最提倡的就是从其他工艺美术门类中汲取艺术养料。比如，从中国画中学习画面的布局和点、线、面的设计，从书法中学习线条的运用和韵味，从泥塑木雕等造型艺术中学习传统造型的塑造手法，从现代陶艺中学习艺术创作形态的创新，从留青竹刻中学习薄意的雕刻表现手法等。所以，从这些林林总总的艺术门类中，可以学习到画面的设计、布局、线条的运用，造型的手法等，包括了玉雕所有的创作步骤，所以我们必须认真地学习和研究其他工艺美术品种，为我们玉雕创作汲取大量的营养。

玉雕作为中国传统艺术的代表之一，您认为今天的作用在哪里？

玉雕是我国特有的艺术种类，已经成为中华民族的精神象征，所以无论是远古时期还是当今社会，都是中华民族精神文化、思想道德、工艺美术的特定载体，既有美观装饰作用，又成为人们精神寄托、向往美好、辟邪祥瑞的物质载体。当然，在现今社会，极富艺术价值的玉雕作品同时还是财富和价值的体现，平添了一份财富保值和升值作用。

今天的玉雕以观音、弥勒类作品居多，合理吗？

对于任何的艺术门类，都存在一些迎合市场的行为。这就是当今玉雕市场上观音、弥勒泛滥的原因。这既可以说是合理的，又并不合理。说它合理，是因为任何行业的从业者都是以盈利为目的，制作市场需求量大的产品本无可厚非。说它不合理，因为玉雕行业归属于艺术门类，除了需要市场的认可外更应该有自己的艺术定位，不能脱离艺术创作的范畴。盲目跟随市场，缺乏创新意识，制造出流水线一般的观音、弥勒题材玉雕来满足市场的需要，最终只能导致玉雕被艺术门类排除在外，变得门可罗雀。身为当代玉雕创作者，我认为应该在解决温饱的前提下，积极发挥艺术创作的主观能动性，体现自己的艺术风格和创作理念。

是什么原因让您尝试创新作品？

不仅有主观因素也有客观因素。主观上我是一个玉雕艺术家，要不断地创作出具有自己艺术风格和特点的作品，要有在传统基础上的不断创新和突破，这样的玉雕作品才不会与传统玉雕雷同，不会被他人模仿，不会固步自封。客观上每个艺术家的生活环境、接受的文化教育程度、艺术涵养都是不同的，这些客观因素决定了每个艺术家的创作风格、作品的艺术特色和文化底蕴存在较大差异，这样的差异造就了个人内在创作思路的不同。在主客观因素的相互影响下，自然而然存在或多或少的艺术创新和突破。

《和气生财》（正面）
(2013 年中国工艺美术 "百花奖" 银奖)

《和气生财》（背面）

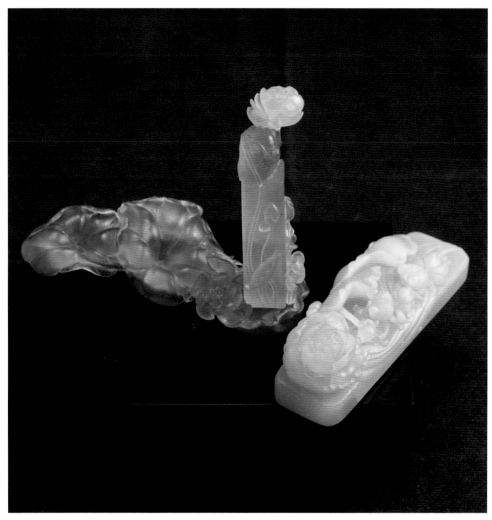

《莲之华》
(2012 年中国工艺美术"百花奖"金奖)

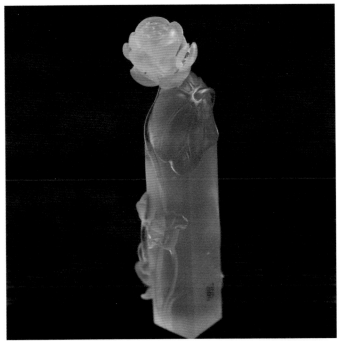

《莲之华》章

《莲之华》（局部）

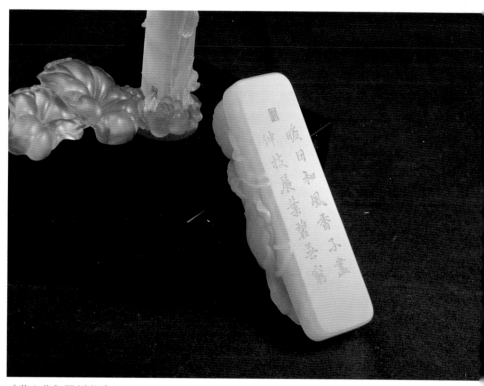

《莲之华》阴刻书法

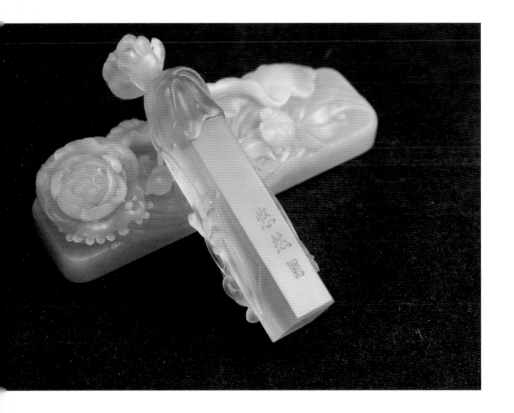

您尝试过创新作品吗?

我对自己玉雕的定位就是创新的,作为人文玉雕的传承人、海派新书画玉雕代表,我既继承了传统人文玉雕的风格特点,也创新出自己的艺术特色和理念。首先传统书画玉雕是以子冈牌为代表的,它有固定的样式,有牌头、牌额,正面是画面,背面是书法,正面的画面和背面的书法都是用边框框住,所以是传统书画玉雕。我的新书画玉雕,同样将画面和书法进行结合,但是在玉牌的制作上突破了传统,打破边框的禁锢,使正面的画面可以延伸到侧面,甚至延伸到背面,书法也是从传统的阳刻行楷,突破为阳刻、阴刻相结合,根据正面画面题词的不同应用各种书法种类。例如雕刻佛教观音题材时,我运用庄严的楷体;雕刻花鸟山水题词时,采用行云流水的行楷或草书等。在传统关公题材的设计上,我将关公形象的表现方式进行创新,刻画出骑龙关公的威武形象,这样一来,关公的形象更加神格化了。传统中关公是一位武财神,同时也是佛教的护法神,在创新中加入的驾驭飞龙的形象让关公显得更加高大威猛,符合他的神化特色。另外几乎所有的关公艺术作品中,青龙偃月刀作为关二爷的另一个标志附属物品,从来都是刀不离身,我却把这把青龙偃月刀放在了作品背面的中央,突出了刀的主体视觉,以祥云围绕,减少了杀气,增加了祥瑞的效果。刀上的那条龙我也把它请了下来,围绕着刀柄,这样看上去,这把刀是不能握在手中的,失去了实用功能,但更加使它神格化为辟邪镇宅的神器,真正成为关公人格品德的物化标志。

作为一件创新作品需要哪些条件？

作为一件创新作品需要的是题材的创新、工艺的创新、设计思路的创新、表现方法的创新。不同的材料在创新方面有各自不同的制作要求和创新方法，创新对每一件作品的要求都是独一无二的，不可能存在固定的套路和方法。每一件玉雕作品要上升为创新作品最需要的是玉雕创作者百分百用心和执著。比如我的新书画玉雕就是工艺、设计思路、表现方法这三个方面的创新。

继承和创新的关系哪个重要？怎么把握？

在我看来，继承相比创新更为重要。在拥有上千年玉雕文明的中华大地上，继承是血脉的延续和衣钵的传承，而我又是人文玉雕的继承人，更应该在做好继承的基础上，再增添自己的创新，逐渐迸发崭新的创作思路和设计理念。在传承基础上的创新才是真正的创新，脱离了传承的创新只可谓是简单粗暴的实验。我将传承与创新形象地比喻成走路与跑步。只有走路走稳了，才能跑。那么首先就是要打好继承的基础，这个是根本，我们做玉雕的，要继承好绘画、书法、雕刻等多能门类的艺术传统，然后才能相互结合，融会贯通，最后才能有创新和突破。

摄影、雕塑等西方艺术对玉雕创作有否作用？

摄影、雕塑等西方艺术门类对中国传统玉雕的影响，已经超越了简单的借鉴和参考。可以说一些西方艺术门类已经成为中国当代玉雕创作手法中不可忽略的一个组成部分。摄影是对光影和构图的捕捉能力，雕塑是对立体空间的感知能力和造型能力，这几个要素对于玉雕创作是有极大帮助的，也能更好地提升玉雕艺术的感染力。

我们当代的玉雕水平无论在工艺运用、材料运用还是题材运用上可以说已经达

《竹莲双清牌》（正面）

《竹莲双清牌》（背面）

到了历史上最顶峰的时期，但在我看来或许还缺少了一些让人震慑心灵的艺术感染力。包括我自己在内，也很少创作出真正具有艺术感染力的作品，这就是目前我们玉雕行业的最大创作瓶颈，但是现在很少有人重视这个问题。

运用抽象形式创作玉雕，您认为可行吗？

我认为用贵重的玉料制作抽象形式的玉雕作品，在现今是没有市场的，因为玉器在中华民族的血液里就是尊贵的象征，集天地人与一体的重器，抽象题材不适合用在贵重的玉料上，但是在以后，随着各种其他非贵重的玉料被人们接受，那么抽象题材运用在这些材料上，就会显得更相得益彰，可以为市场和收藏者接受，但是这需要一个比较漫长的过程。

预测一下，10年后的玉雕会有什么变化？

我认为10年以后我们的玉雕会出现三大变化：首先，今后多元化材料的出现将打破以高档玉料为主导的玉雕市场。其他各种玉料将百花齐放，不局限于高档玉料和品种，玉雕的受众也将更为宽泛。第二，从业人员的竞争和淘汰将更激烈。要求我们玉雕从业人员具备更高的艺术修养与更扎实的美术功底，更要有突破传统的创新能力。大数据时代的到来拉近了人与人的距离，让信息的传播变得更为便捷和迅速。信息时代带来便利的同时也带来一些让人招架不住的抄袭和复制事件。例如，一件优秀作品通过互联网让大众知晓，下一秒同时可能成为他人抄袭的样本。因此未来的玉雕从业人员必须具备创新能力，才能在互联网时代中不被抄袭之风吓到，而是勇往直前地突破再战。第三，未来玉雕更加注重细节的把握与拿捏。随着玉雕收藏者的欣赏水平越来越高，10 年以后收藏玉器的可以说个个都是专家，细节决定成败，这是未来玉雕行业竞争的重要环节。

您业余时间有什么爱好？

我的业余爱好很多，看书、看电影、旅游等，大多是可以修身养性的爱好。最主要的是收藏，收藏最多的是端砚和紫砂壶。我喜爱的收藏品类都和玉雕存在共同之处，即材质和工艺的结合，通过收藏不同的艺术品让我从中汲取不少艺术养分。

同行之间的交流多不多？感受怎样？

相比以前，现在同行之间的交流很多，因为现在有各种玉雕评比和展会，大家都把自己最好的作品带来展示和参与评比，我认为这是最直接、最好的交流。

从事玉雕这个行业，是否觉得幸运？

从事玉雕行业对我而言是很幸运的。能够从事自己喜欢的行业并有不错的收入让我更加感恩。我将为自己热爱并从事的玉雕行业更努力地奉献自己的热血与青春。

艺术的道路是没有止境的，无论在个人艺术修养、文化学习、工艺创新还是题材突破上，都要有不断的进步。

我还将沿着自己既定的道路，继续进行文化和艺术深造，特别是要多学习其他艺术门类。在自己既有风格的玉雕创作道路上，慢慢地潜移默化也好，灵感闪现也好，进行创新和突破。

点话画历品评

观对步书经作点

艺术获奖

步骤

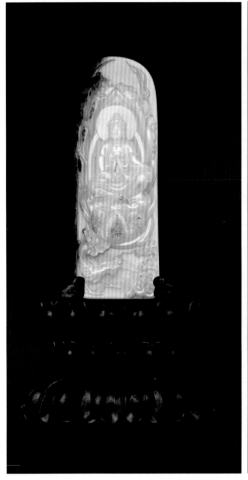

《祥光大圆满》（正面）

《祥光大圆满》（背面）

《祥光大圆满》2013 年中国工艺美术"百花奖"金奖

材质：和田白玉籽料；尺寸：长 13.1 厘米，宽 4.6 厘米，厚 1.9 厘米

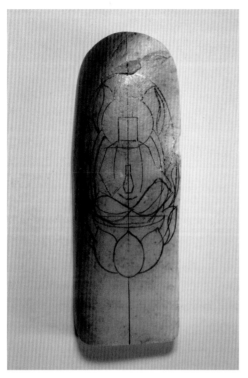 

1. 正面定位初稿 | 2. 正面初步墨稿

　　原料是一件正面留洒金皮色，侧面留红金皮的玉牌料，上部略厚，底部扁平，经过整形以后决定利用正面和侧面的皮色，设计一件观音玉牌。

3. 正面完成墨稿

　　经过多次修改后，定稿完成，正面的皮色利用俏雕为观世音菩萨周围的莲花瓣、玉净宝瓶和底部祥云，侧面的红金皮俏色雕刻凤凰。

4. 开大形雕刻后第二次墨稿

　　在完成初步雕刻后再画一遍墨稿，整个作品的创作周期中，从粗雕到精雕到最后完成需要画4遍左右。

5. 背面设计墨稿

6. 背面开大形后第二次铅笔稿

7. 背面阴刻前书法稿

8. 正面完整墨稿透光效果图

　　我的作品书法题字，都是直接写在玉雕作品上的草稿，不会有清楚的范本，因为在阴刻过程中，原先写的字也会退色消失，所以都是根据自己心中的字形进行阴刻的。而且在阴刻的过程中，玉件是根据雕刻需要而转动的，所以有时字体是反的雕刻，这就更需要雕刻者对于书法字体间架结构了然于胸！

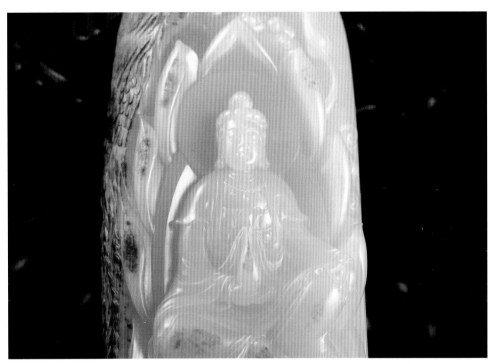

《祥光大圆满》（正面面相）

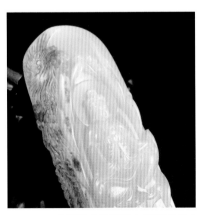

《祥光大圆满》（侧面皮色）

《祥光大圆满》（背面局部）

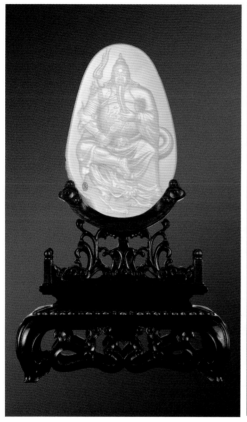

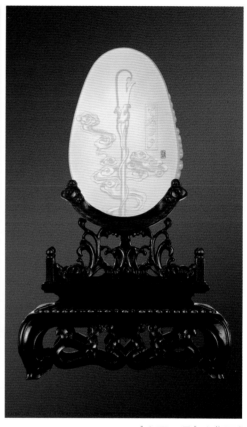

《心昭日月》（正面）

《心昭日月》（背面）

《心昭日月》2013 年中国玉石器 "百花奖" 银奖

材质：和田白玉籽料；尺寸：长 10.6 厘米，宽 6.8 厘米，厚 1.5 厘米

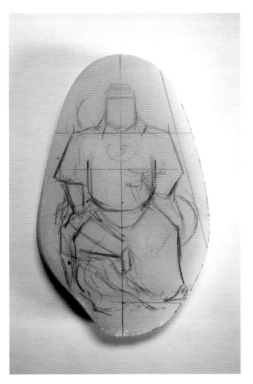

1. 初步设计

　　作品材料是一件侧面留淡金皮的和田籽料玉牌料。根据牌料的横切面形状，设计创作骑龙关帝。从初步设计稿上可以看出，我在玉雕设计上使用了结构素描的构图方式，这样能够画出比例结构更准确的设计定型画稿。

2. 设计定稿

　　玉牌设计为关公身着文武甲袍，呈舒坐状骑于虬龙背上，一手持书卷，一手捋胡须。正面没有出现青龙偃月刀，画面充满了祥和福瑞。骑龙关帝是我的独特创新，把关公更加神格化了。

3. 背面设计定稿

我将青龙偃月刀独立放置在玉牌背面中央，且祥云围绕。更是将刀上的青龙请下来，围绕在刀柄上，这样的设计给人一种庄重神圣的感觉，此刀已经没有了砍杀的实际使用功能，减少了杀气，成为镇宅辟邪的神器！

4. 开大形粗雕后的第二遍定型稿

为什么我在创作一件玉雕作品中要画这么多遍画稿，这就是我先入画再入雕的设计理念，第一遍画稿是创作设计稿，而第二、三、四遍都是定型稿或者修改稿。因为在每次雕刻过程中，难免有走样或者其他设计稿中没有考虑到的因素出现，所以需要画第二、三、四遍，进行再定型，再修改。先入画再入雕的理念就是整个画面能直接欣赏了，基本的毛病都避开了、去除了，再进行雕刻。

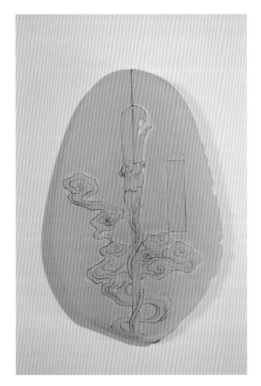

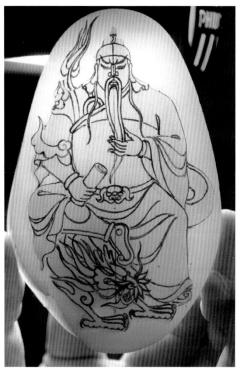

5. 背面精雕的定型稿

　　侧面的皮色雕刻为祥云，与背面的
祥云相呼应，背面留出的方框准备用关
公生活的年代所使用的汉帛体阴刻"心
昭日月"四字，以点明主题。

6. 开大形后的第二遍定型稿

　　先入画再入雕的理念，使我的每一
件玉雕作品的设计定型稿都能成为一件
艺术作品。

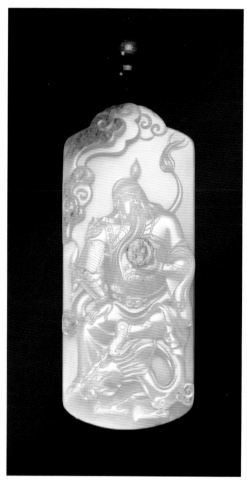

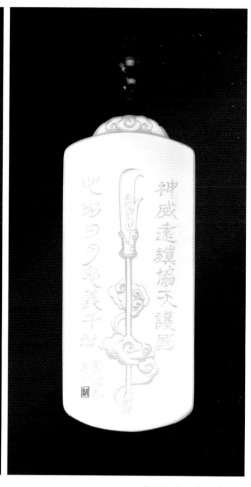

《关圣帝君》（正面）

《关圣帝君》（背面）

《关圣帝君》2013 年中国工艺美术"百花奖"银奖

材质：和田白玉籽料；尺寸：长 10 厘米，宽 4.3 厘米，厚 1.7 厘米

1. 正面墨稿

2. 开大形后第二次铅笔稿

　　作品原来是一件正面留洒金皮色的玉牌料，根据玉牌的厚薄特征，设计为关公造型。

3. 精雕修改第三稿

4. 精雕第四稿

《直上青云》（正面）

《直上青云》2013 年"中华龙奖"金奖
材质：和田白玉籽料；尺寸：长 9.6 厘米，宽 5.7 厘米，厚 3.3 厘米

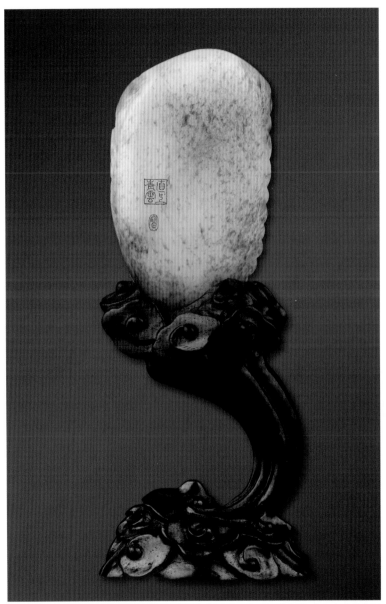

《直上青云》（背面）

　　《直上青云》作品中雄鹰的胸部到头部，甚至鹰爪都采用了半立体的高浮雕创作，使人感受到强烈的张力和视觉冲击力，更好地体现了雄鹰的威猛、雄健，整个作品充满了生机和力量！

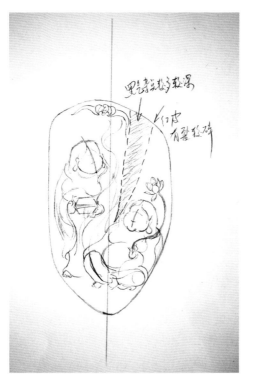

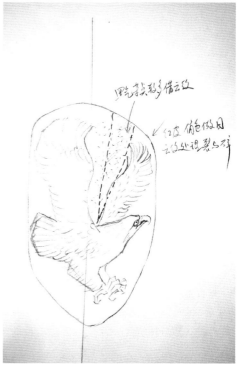

1. 纸上画稿设计

　　根据这件玉料的形状和瑕疵分布状况，先进行纸上画稿设计。原先是准备设计创作和合二仙题材的作品。

更改题材后的纸上定稿

　　然而，我对这件玉料右上部的黑气走向和深度不能确定，所以感到做和合二仙的人物题材有难度和风险。此外，人物题材的作品，玉质要尽量干净，这块玉料上的黑褐杂质应该去不干净，留在人物作品上不好，所以决定改设计为一羽振翅高飞的雄鹰。右上部的瑕疵可能去不干净，那么就正好利用褐青色瑕疵雕刻成青云，取名《青云直上》，既凸现了雄鹰题材的祥瑞主题，又能化瑕为瑜，一举两得。

设计墨稿

2. 开大形后第二稿

　　此画稿上可以看出和第一稿有了明显区别，就是雄鹰的头部变得更饱满、眼睛更大了。这是因为画第一稿时考虑到右下侧的皮绺，在开大形时发现皮绺没有影响到这一部分，就进行了更好的修改。

3. 精雕后分层压地第三稿

　　背景中的云纹也是要根据瑕疵的走向和深度不同，随时改变设计图案。

4. 最后精修第四稿

5. 侧面的红金皮色设计为俏色雕刻的旭
日和祥云

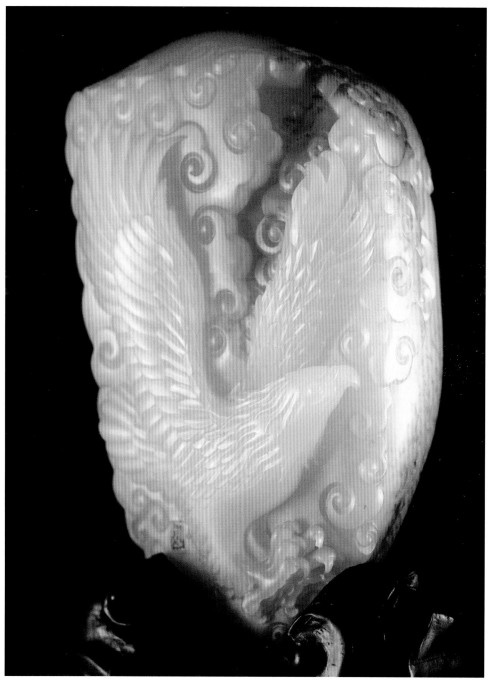

《直上青云》（斜面）

《五子运财》（正面）

《五子运财》2013 中国玉石器 "百花奖" 金奖

材质：南红玛瑙；尺寸：宽 9.1 厘米，高 5.7 厘米，厚 7.2 厘米

　　这是一个沉睡百年的宝藏，是一个装满金钱的宝袋。借用南红原料表面石皮的斑驳来表现钱袋因为长埋地下而腐蚀，甚至钱袋口上的绳子都已经腐蚀断裂。这样的一个宝藏，被两大三小五只老鼠发现，老鼠是天生会寻宝探宝的灵物，自古有鼠咬天开的传说。五只老鼠扒开了袋口，露出了满满一袋金钱和元宝，一只老鼠已经急不可耐地用嘴咬住了一枚金钱。五只老鼠形态各异，神情生动，表现出了作品动态美感。材质内部透明冻裂纹较多，借裂雕刻的金钱和元宝给人以璀璨夺目的静态美感！

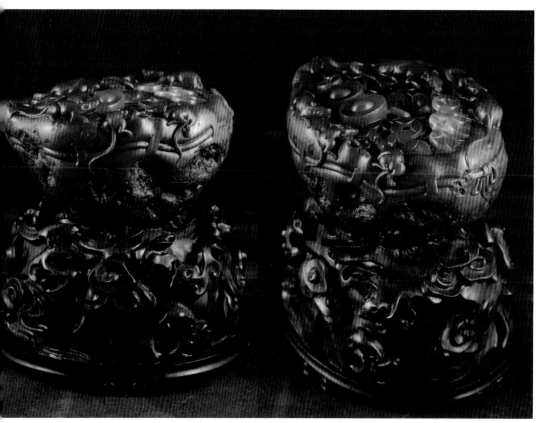

《五子运财》（背面）　　　　　　　　　　　　　　《五子运财》（侧面）

《五子运财》（局部）　　　　　　　　　　　　　　《五子运财》（局部）

1. 南红玛瑙原料

　　这件南红原料中间是布满了裂的透明冻，周边一圈红色肉质部分不厚，表面的皮壳布满了斑驳和坑洼，是一件很难处理的南红原料。

2. 经过初步修整的原料，可以看到很多裂纹。

3. 设计纸稿

　　因为这件南红料变化太多，所以先在纸上设计，预想设计为《代代数钱》，一个装满金钱的钱袋和趴在袋子上的三只老鼠。如果原料做下来红色肉质部分够多，就设计五只老鼠，题材为《五子运财》。

4. 初步设计

　　在进一步对原料进行修整以后，觉得两侧的红色肉质部分比较厚，所以设计了两大三小五只老鼠，开始《五子运财》的创作。

5. 雕刻步骤，从粗到精，借裂避绺，因材施工，最后完成钱袋侧面的带子。

王凯在设计创作《五子运财》

点 观
话 对
骤 步
书
经 艺
作 获

点 观 对 步 书 经 艺 获
话 骤
画 历 品 评 术 奖 点

观 点
对 话
步 骤
书
艺 经
获 术
点 作
奖 评
历
品

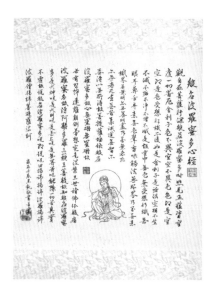

点 话 骤 画

观 对 步 书

点 评

历 品 评

艺 术 经 历

获 奖 作 品

点

艺术经历

1975 年 7 月出生于上海，自幼系统学习书画和雕刻

1990 年开始对玉石雕刻和设计创作进行长期的个人研修

2004 年开设玉善堂玉雕实体店铺，创立个人工作室

2010 年 11 月获得中级工艺美术师职称

2012 年 1 月评为上海玉雕大师

2012 年 3 月获得国家玉雕高级（一级）技师职称

2012 年 5 月评为海派玉雕大师

2012 年 7 月评为中华玉雕艺术大师

2013 年 12 月获得高级工艺美术师职称

获奖作品

2011 年《知行合一》上海"神工奖"银奖

2011 年《连年有余路路通》中国玉（石）器"百花奖"银奖

2011 年《自在庄严插屏》上海"玉龙奖"金奖

2011 年《运财童子》中国工艺美术"百花奖"金奖

2012 年《财宝天王》中国玉石雕"神工奖"银奖

2012 年《和之韵》中国玉石雕"神工奖"金奖

2012 年《自在平生》中国玉石器"百花奖"银奖

2012 年《鸿运高照我如意》中国玉（石）器"百花奖"银奖

2012 年《诸愿圆融》第十三届中国工艺美术大师精品展金奖

2012 年《莲之华》中国工艺美术"百花奖"金奖

2012 年《杭州六月》中国工艺美术"百花奖"金奖

2013 年《和气生财笑弥勒》"百花·玉缘杯"银奖

2013 年《直上青云》"中华龙奖"金奖

2013 年《关圣帝君》中国工艺美术"百花奖"银奖

2013 年《祥光大圆满》中国工艺美术"百花奖"金奖

2013 年《九如图》中国玉石雕"神工奖"金奖

2013 年《心昭日月》中国玉石雕"百花奖"银奖

2013 年《五子运财》中国玉石雕"百花奖"金奖

以画入玉 以挚衍工
吴德升

　　王凯自幼学习书画，虽不是科班出身，但是他一直醉心于玉雕创作，我是很早就认识他了，当时他的作品就给我一种清新脱俗的感觉。他为人做事低调，但在玉雕方面却既有灵性又肯埋头默默耕耘。近些年，他的作品屡次获得国内各大权威玉雕评选的大奖，崭露锋芒，成为上海玉坛一颗实力新星。而他却并未停止对玉雕艺术的追求，经常与我一起探讨玉雕创作与技艺，并吸取各家之长，加入自己的思想。也正是这样，他的作品才不流于世俗，给人一种自在清新之感。

　　王凯对玉牌的创作情有独钟，作品画面精美，极具书画韵味，特别是书画中常用的虚实、疏密等表现方法在作品中都有淋漓尽致的体现，更好地表达出玉牌作品的艺术美感和意境内涵。其中给我印象最深的就是《杭州六月》，画面疏密有致，荷花和莲叶自然生动，加上红皮俏色深浅厚薄的不同运用和处理手法，使作品给人一种脱俗清新、淳朴秀美的感觉。

　　王凯的书画入玉雕的特色，扎实的阴刻书法技艺和小料大作的特长，吹起了海派玉雕的一股新风，加之他对玉雕的执著和热爱，相信他的艺术道路会走得更高更远。

　　　　　　　　　　　　（吴德升，中国工艺美术大师、中国玉石雕刻大师）

新书画流派玉雕代表王凯
钱振峰

　　王凯的玉雕作品以中国画及书法的画面美感、人文意境与温润内敛相结合，秉持花鸟、山水和人物题材先入画再入雕的理念，尤其擅长莲花题材、宗教人物和仕女的玉雕创作，以唯美、写实、婉约或禅意作为鲜明的艺术特色。

　　王凯喜欢莲花、画莲花，更喜欢雕刻莲花。他认为莲花不傲骨，又能亭亭立于泥水之中，没有太隐逸，却香远益清脱俗自在。莲花综合了四君子的优点却不这么偏执于某一个特征，是入世做事出世做人精神最好的代表。所以，王凯的莲花题材作品，总能呈现别具一格的素雅空灵之感。

　　新书画玉雕是现代人文玉雕的一个流派，它比现代人文玉雕更注重中国书画的传统继承和运用，作品呈现出不同的层次、更多疏密的布局和唯美的画面。而先入画再入雕是在传统相玉应材的基础上，把玉料上的画面先完整画好，不断修改，直至画面效果最完美，能够直接欣赏了，再进行雕刻。秉持这样的理念，王凯的每件作品从出坯整大形到最后完成，需要起码画三到四遍。如此执著而又细腻的工艺，成就其唯美精致的艺术作品。

　　　　　　　　　　（钱振峰，中国玉文化专业委员会副主任、上海宝玉石行业协会副会长）

莲开见善
——浅释王凯的白玉艺术实践
陆 华

　　说起中华玉雕艺术大师王凯，就会想起他的莲花作品，作为标志性作品所传达出的那份静谧、温和、润淑真的让人感动。莲的初蕊、开花、成蓬、为藕；莲的绿蕊、粉花、灰蓬、白藕……花始、花开、花落演绎着生命的节奏；蕊饱、蕊鼓、蕊空表达着过往的依恋。面对莲花的艺术再现，王凯似乎与其共生，在他看来，莲花是集梅、兰、竹、菊四君子优点于一身，隐喻可以用出世的态度做人、用入世的态度做事；布局上，王凯要求疏密有致；画面上，则素雅清秀；设计上，莲花花瓣厚薄相间、富有质感，甚至在一瓣花瓣上也会有阴阳面的体现，莲花和莲叶还会有卷边的自然效果，以期给人一种素雅、秀气、灵动的感觉；工艺上，他以刀代笔用高浮雕、浅浮雕和阴刻结合的多种手法去刻画莲花；人物设定方面，王凯则会选搭颇有禅意的佛教人物和代表圣洁的古代仕女。所以王凯追求的是中国画及书法的极致画面感，人文意境与温润内敛的玉石材质本身"三位一体"的完美结合。

　　王凯每一次的琢莲，就是一次生命的感悟，一次生命的再现。通过他的心手合一，象意共统，将代表中国传统人文精神诉求的莲花和中国玉文化完美地融合，使之更真实、更唯美、更现代。

（陆华，中华古玩城联盟秘书长、中国玉雕艺术评论家）

王凯，一位追求艺术品位的琢玉者
赵丕成

记得有一天我在图书馆翻阅杂志，不经意间一张玉雕图片映入我的眼帘，那就是用岫岩玉雕琢而成的《莲之华》。作品极富创意，作者将绿莹莹的玉质刻画出水盈盈的荷塘景致，不仅充分表现出岫岩玉的本质美感，同时使《莲之华》入诗入画，表现出荷塘清丽淡然、和风涟漪、飘摇灵动的意境，巧妙地将自然美和雕琢美融化在一起。在人们崇尚和田白玉的今天，作者将人们渐渐淡忘的我国四大名玉之一的岫岩玉表现得如此精彩，真是难能可贵，可见作者不求材质的"高贵"，但求艺术的品位。我寻找到作者的姓名——王凯，这就是他留给我的最初印象。

提起王凯，他是我非常欣赏的一位谦虚好学、悟性极高的学生。早已本科毕业的他来到上海工艺美术职业学院学习深造，几年来，他在繁忙的玉雕工作中坚持学习，对于玉雕设计课程、美术基础课程、设计理论课程等都刻苦钻研，一丝不苟地完成每一门课程，现在即将毕业，满载而归。我曾问他："你是玉雕大师，在玉雕艺术上已有了那么高的成就，为什么还是那样努力？"他谦虚地说："艺无止境，我还有很长的路要走，玉雕大师只是一个荣誉，一种品牌，还需要知识的积累，不断提升自我的艺术修养。"是的，琢玉不仅仅是一种手艺，还需要文化和艺术，情感和境界，大师的荣誉和品牌要靠不断的、有品位的艺术作品来维护和润养。玉雕艺术道路要走得长远，要靠作者深厚的文化底蕴、广博的艺术修养以及艺术设计理论作铺垫。也由此，王凯坚持文化艺术学习，坚持琢玉技巧历练，不断提升玉雕的艺术水半，几年来成绩卓著，在历年的玉雕大赛中连连获奖。

走进王凯精心创立的"玉善堂"，可见他敬业的专业精神，在工作台上放满了大大小小、形状各异的玉料，有的已画好墨稿，有的正等待他的因料设计、因材施艺、巧思妙作。王凯坚持每天在废料上练习雕刻阴线书法，坚持自己做玉雕小样，坚持先入画再雕刻的设计雕琢原则，这样的敬业，这样的刻苦，这样的坚守，成就了他玉雕艺术的高度，琢玉技巧的精湛。细细品味他的玉雕作品，自然温润，细腻灵动，优雅清秀。玉作画面构图饱满，疏密有致，件件作品洋溢着诗情画意、书卷气息，深深地打动着观赏者的心灵，他的玉雕作品深受玉雕爱好者的青睐。

海派玉雕需要这样年轻有为的大师，王凯的玉雕作品一定会在海派玉韵中飘着书香气、学院风，留下一笔浓墨重彩。我作为他的老师，对他给予厚望，也相信他能出类拔萃，再攀艺术高峰！

（赵丕成，上海市非物质文化遗产项目代表性传承人、上海工艺美术学院副教授、高级工艺美术师）